Leonhard Stiny · Fertigung und Test elektronischer Baugruppen

Leonhard Stiny

Fertigung und Test elektronischer Baugruppen

Technologie, Fertigungskonzepte, Prüftechnik

1. Auflage 2010

Dr.-Ing. Paul Christiani GmbH & Co. KG

Bestell-Nr. 85439
ISBN 978-3-86522-633-4

---

1. Auflage 2010

Vorwort

Die Elektronik ist aus unserem Leben nicht mehr wegzudenken. Nur sie ermöglicht es, die Funktionen vieler Gebrauchsgegenstände zu realisieren oder deren Handhabung zu vereinfachen. Ob in Haushaltsgeräten, Autos, Geräten zur Unterhaltung und Kommunikation, Maschinen oder Computern, in vielen technischen Gütern sorgt die Elektronik dafür, dass etwas schneller, leichter, besser vor sich geht oder überhaupt erst möglich ist.

Als Inbegriff eines elektronischen Bauteils darf wohl der Transistor gelten. Wenn auch seine Arbeitsweise vielleicht nicht immer klar ist, zumindest als Begriff dürfte er allgemein bekannt sein. Auch die Bedeutung so genannter integrierter Schaltkreise, bestehend aus sehr vielen Transistoren, ist oft geläufig. Elektronische Bauteile sind Komponenten elektronischer Schaltungen. Schaltungen bilden funktionelle Einheiten, welche in Form von Baugruppen aufgebaut sein können. Ein Beispiel ist der Elektronikaufbau einer Fernbedienung. Dass solche Baugruppen in vielerlei Produkten enthalten sind, die wir im täglichen Leben nutzen, ist uns allen bekannt.

Wer sich für die Elektronik interessiert oder auf diesem Gebiet beruflich tätig ist, wird sich das Wissen über Aufbau, Eigenschaften und Anwendungszweck der wichtigsten elektronischen Bauteile aneignen. Zu elektronischen Bauelementen und Schaltungen gibt es umfangreiche Literatur. Wie die von uns benutzten Baugruppen *hergestellt* werden, wissen aber im Allgemeinen nur wenige Spezialisten (die häufig in den Fabriken der Hersteller tätig sind), entsprechende Literatur ist seltener. Um Produkte der Elektronik technisch umfassend zu verstehen, sollten aber nicht nur die Grundlagen der Elektronik, sondern auch die Vorgehensweisen und Verfahren zu Entwicklung, Herstellung und Test elektronischer Baugruppen betrachtet werden.

Hier knüpft dieses Buch an. Grundlegende Kenntnisse in der Elektrotechnik können zum Verständnis des dargebotenen Stoffes nützlich sein, sind aber nicht Voraussetzung. Auch Neueinsteiger oder Praktiker aus verwandten technischen Gebieten, ohne Kenntnisse elektrotechnischer Zusammenhänge und Gesetze, können sich in leicht begreiflicher Form über Herstellungs- und Testverfahren elektronischer Baugruppen informieren. Besonderes Wissen in Mathematik oder Physik ist nicht nötig. Die Grundlagen zu Herstellung und Test von Baugruppen werden in allgemeiner Form dargestellt. Dabei werden sowohl Verfahren betrachtet, die zum Aufbau einiger Muster im Labor geeignet sind, als auch Vorgehensweisen und Prozesse, die in der Industrie zur Fertigung von Baugruppen in hohen Stückzahlen üblich sind. Mit Beispielen und durch zahlreiche Abbildungen wird ein grundlegendes Verständnis für die jeweilige Methode erzielt.

Sowohl der technisch interessierte Laie als auch der Querschnittsdenker aus anderen Fachbereichen, aber auch der Elektronikfachmann kann dieses Buch als Einführung und Nachschlagewerk nutzen, um aus beruflichem oder privatem Interesse die Entstehung einer elektronischen Baugruppe vom Entwurf, über die Entwicklung, die Auswahl von Bauteilformen, die Produktion bis hin zum Test besser zu verstehen.

Dr.-Ing. Paul Christiani GmbH & Co. KG

Auszubildende und Studierende bekommen die Möglichkeit, sich nicht nur mit einem abgegrenzten Teilgebiet der Elektronik, wie z. B. der Schaltungsentwicklung, zu beschäftigen, sondern auch die Probleme benachbarter Prozesse und Zusammenhänge bis hin zum fertigen Produkt zu betrachten. Es wird u. a. deutlich, dass ein produktionsgerechtes Design auf alle Fälle zum Entwicklungsprozess gehört oder dass man bereits während der Entwicklung auf die Testbarkeit einer Baugruppe achten muss. Durch die Betrachtung dieser Zusammenhänge kann die Zusammenarbeit mit benachbarten Tätigkeitsgebieten durch ein gewonnenes übergreifendes Verständnis verbessert werden.

Zusammenfassung
Dieses Werk soll einen Überblick verschaffen über Fertigungsverfahren zur Herstellung elektronischer Baugruppen und Geräte.

Es werden folgende Punkte behandelt:

- Vorgehensweise bei der Entwicklung elektronischer Baugruppen
- Aufbaumöglichkeiten elektronischer Schaltungen
- Bauformen elektronischer Bauteile
- Leiterplattentechnologie
- Unterschiedliche Lötverfahren
- Bestückungskonzepte, Bestückung von Baugruppen
- Maschinenkonzepte in der Fertigung
- Fehler und Fehlerquellen (Bauteile und Fertigung)
- Test von Baugruppen, Prüftechnik
- Integration von Schaltungen.

Haag a. d. Amper, im Juni 2010

Leonhard Stiny

Inhalt

1 Einleitung

1.1 Lernziele

Das Ziel der folgenden Darlegungen besteht darin, ein grundlegendes Verständnis für den Aufbau und Test von elektronischen Baugruppen zu vermitteln. Wer nicht auf dem Gebiet der Elektrotechnik tätig ist, kann sich die Voraussetzungen für eine Kommunikation mit Fachleuten der Elektrotechnik bezüglich des genannten Themenkreises schaffen. Die Notwendigkeit zu dieser Kommunikation kann durch eine interdisziplinäre Zusammenarbeit gegeben sein. Die Art der Zusammenarbeit ist möglicherweise eine Tätigkeit im technischen Einkauf, im Controlling, im Marketing oder in der Kalkulation elektrotechnischer Produkte. Ein Diplom-Ingenieur der Elektrotechnik in einer Entwicklungsabteilung muss fundamentale betriebswirtschaftliche Kenntnisse besitzen, um mit anderen Abteilungen in einem Betrieb, sei dies Vertrieb, Einkauf oder Controlling, welche ebenfalls am Prozess einer Produktentwicklung beteiligt sind, zusammenarbeiten zu können. Liegt andererseits der Schwerpunkt der beruflichen Ausbildung auf der betriebswirtschaftlichen Seite, so erleichtert ein Grundwissen der Technik die Zusammenarbeit mit stark technisch orientierten Fachleuten. Auch falls kein beruflicher Grund für eine Beschäftigung mit der Elektronik gegeben ist, kann sich der technisch Interessierte mit dem folgenden Stoff ein Basiswissen darüber aneignen, welche grundlegenden Vorgehensweisen bei der Herstellung elektronischer Baugruppen angewandt werden und welche Verfahren zum Test der Produkte zum Einsatz kommen.

Elektronische Geräte oder Baugruppen bestehen aus elektronischen Bauteilen, welche miteinander zu Schaltungen verbunden sind. Die Bauteile können für sich alleine nach ihrem physikalischen Aufbau, ihren elektrischen Eigenschaften oder ihrem Anwendungszweck betrachtet werden. Um Vorgänge in der Produktion elektronischer Baugruppen zu verstehen, ist es wichtig, zu wissen, wie eine entworfene Schaltung aufgebaut und somit eine Baugruppe realisiert werden kann.

Dem Aufbau vorangestellt ist jedoch die Entwicklung mit Analyse und Entwurf elektronischer Schaltungen. Um Entwicklungstätigkeiten zu begreifen, werden hier kurz die Möglichkeiten zur Einteilung elektrischer Systeme und die Grundzüge der Vorgehensweise bei der Entwicklung einer elektronischen Schaltung besprochen.

1.2 Einteilung elektrischer Systeme

Die Elektrotechnik lässt sich in eine Vielzahl verschiedener Bereiche gliedern. Eine grobe Einteilung elektrischer Systeme ist nach den folgenden vier Punkten möglich:

- Kommunikationssysteme (Nachrichtenübertragung, Nachrichtenverarbeitung)
- Computersysteme (Rechnertechnik)
- Automatisierungssysteme (Steuerungen, Regelungen)
- Energiesysteme (Energieerzeugung, Energieübertragung, Energieumwandlung).

Systeme der Kommunikationstechnik kennen wir alle in Form von Rundfunk, Fernsehen und Fernsprechtechnik. Computer sind allgemein als PCs bekannt. Automatisierungssysteme finden in Form automatischer Produktionsmaschinen oder Überwachungseinrichtungen von Fertigungsprozessen Anwendung. Systeme zur Erzeugung oder Umwandlung von Energie sind bekannt als Generatoren in Kraftwerken oder als Elektromotoren.

In allen diesen Gebieten der Elektrotechnik werden Schaltungen aus elektronischen Bauteilen eingesetzt. Was ist eigentlich die Aufgabe einer elektronischen Schaltung?

Eine elektronische Schaltung soll ein Signal[1] am Eingang, dies ist meist eine elektrische Spannung, auf ein anderes Signal am Ausgang umformen.

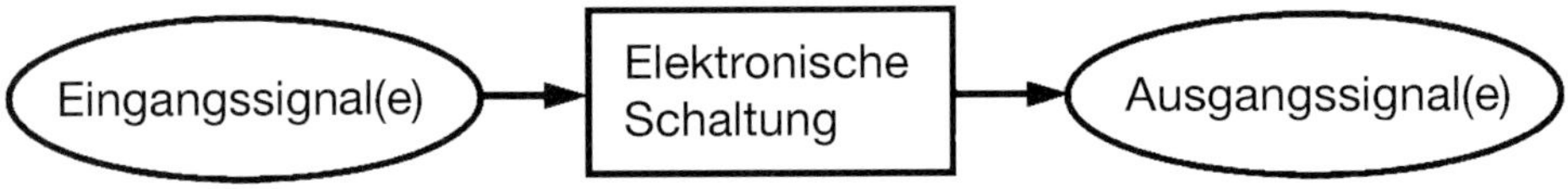

Abb. 1: Umwandlung eines Signals durch eine elektronische Schaltung

Als Beispiel kann eine elektronische Alarmanlage dienen. Wird ein Schalter betätigt, weil eine Tür geöffnet wird, so wird eine elektrische Spannung an den Eingang einer elektronischen Schaltung gelegt. Die Schaltung prüft, ob das Eingangssignal länger als eine bestimmte Zeit vorhanden ist, um eine kurzzeitige Störung und damit einen Fehlalarm auszuschließen. Dann gibt die Schaltung am Ausgang eine Spannung aus, welche ein angeschlossenes Signalhorn ertönen lässt.

Der Begriff des Signals führt zu einer weiteren und häufig benutzten Möglichkeit der Einteilung elektrischer Systeme bzw. von Teilsystemen. Man unterscheidet zwischen

- Analogtechnik
- Digitaltechnik.

Analogtechnik
In der Analogtechnik erfolgt eine kontinuierliche Behandlung von Signalen nach Zeit und Verlauf. Man sagt auch, ein analoges Signal ist zeit- und wertkontinuierlich. Häufig ist mit der Analogtechnik die *Verstärkung* eines Signals verbunden. Als Beispiel sei ein Mikrofon genannt. Dessen Ausgangsspannung ist ein analoges Signal. Das Signal kann innerhalb eines bestimmten Bereiches in Abhängigkeit von der Lautstärke eines sprechenden Menschen jeden beliebigen Wert annehmen. Es wird durch einen Verstärker in eine größere Spannung umgewandelt, ehe es durch einen Lautsprecher wieder in Schall umgesetzt wird.

1 Allgemein ist ein Signal die physikalische Repräsentation bzw. der Träger einer Nachricht. Ein Signal ist die Darstellung von Information durch den Werteverlauf einer physikalischen Größe. Beispiel: Der zeitliche Verlauf einer elektrischen Spannung.

Digitaltechnik
In der Digitaltechnik werden nur zwei Signalzustände verarbeitet. Ist keine Spannung da, oder sie liegt unter einem bestimmten Wert, dann wird dieser Zustand als »Low« oder als »logische Null« bezeichnet. Ist Spannung da, oder sie liegt über einem bestimmten Wert, so wird dieser Zustand als »High« oder als »logische Eins« bezeichnet. Mit diesen Signalen arbeiten Computer. Den Verlauf eines analogen und eines digitalen Signals zeigt die nachfolgende Abbildung.

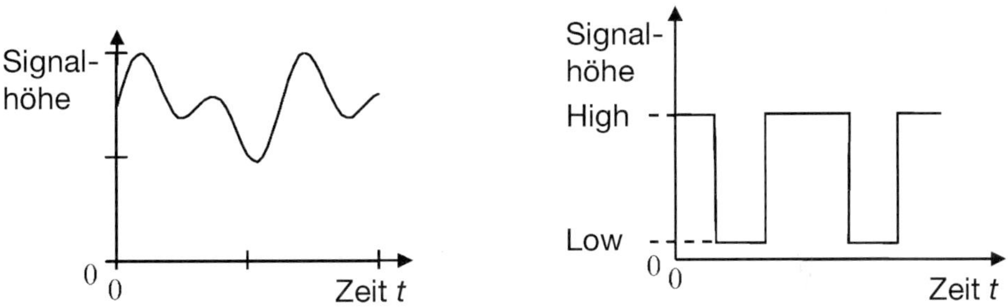

Abb. 2: Analoges Signal (links), digitales Signal (rechts)

Bei industriellen Steuerungsanlagen bzw. Maschinensteuerungen werden digitale Signale nicht nur verarbeitet, sondern es erfolgt auch eine logische Verknüpfung von digitalen Signalen. Als Beispiele seien die Verknüpfungen UND sowie ODER genannt.

Bei einer UND-Verknüpfungsschaltung wird der Ausgang aktiv, wenn alle ihre Eingänge gleichzeitig High sind. Ein Anwendungsbeispiel mit zwei Eingängen wäre die als Unfallschutz vorgesehene Schutzschaltung für die Funktionsweise einer Presse in einer Fabrik. Die Presse kann durch einen Fußschalter nur dann betätigt werden, wenn mit der rechten *und* linken Hand gleichzeitig je eine Taste außerhalb des Gefahrenbereiches gedrückt wird.

Bei einer ODER-Verknüpfungsschaltung wird der Ausgang aktiv, wenn auch nur einer ihrer Eingänge High ist. Sind mehrere Fenster und Türen vorhanden, so soll eine Alarmanlage z. B. einen Alarm auslösen, egal ob nur ein Fenster oder nur eine Tür geöffnet wird.

Die UND-Verknüpfung von Signalen kann durch eine Reihenschaltung (Hintereinanderschaltung) von elektrischen Schaltern verdeutlicht werden. Nur wenn alle Schalter gleichzeitig geschlossen sind, wirken sie wie ein einziger Schalter, der eingeschaltet ist. Nur dann wird z. B. eine Glühlampe aufleuchten, die über diese Schalterkette an eine Spannungsquelle angeschlossen ist.

Die ODER-Verknüpfung kann durch eine Parallelschaltung von Schaltern dargestellt werden. Ist eine Glühlampe über mehrere parallel verdrahtete Schalter an eine Spannungsquelle angeschlossen, so leuchtet sie, falls nur ein einziger Schalter eingeschaltet ist.

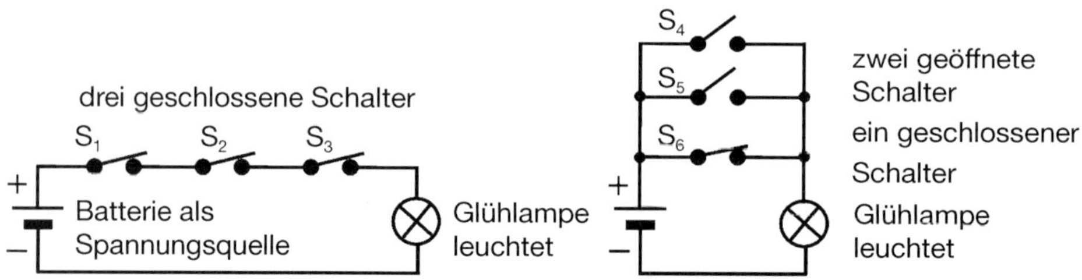

Abb. 3: Schaltbilder für die UND-Verknüpfung (links) und die ODER-Verknüpfung (rechts).

Nur wenn die Schalter S_1 *und* S_2 *und* S_3 geschlossen sind, ist der Stromkreis geschlossen und die Glühlampe leuchtet. Bei der ODER-Verknüpfung genügt es, dass Schalter S_4 *oder* Schalter S_5 *oder* Schalter S_6 geschlossen ist, damit die Glühlampe leuchtet.

1.3 Vorgehensweise bei der Entwicklung

Bei der Entwicklung legen in Firmen häufig Verfahrensanweisungen die Verfahren und Abläufe fest, damit ein strukturierter und kontrollierter Produktentstehungsprozess sichergestellt wird. Um komplexe Steuergeräte in kurzer Zeit mit vertretbarem Aufwand entwickeln zu können, kommen moderne Methoden der Systementwicklung zum Einsatz. Von den Anforderungen an ein neues Produkt bis zur Auslieferung produzierter Teile stehen den Entwicklern klar definierte Vorgänge und Verfahren zur Seite, mit denen Entwicklungsfortschritte überwacht und bewertet werden. Es gibt verschiedene Vorgehensmodelle, um den Entwicklungsablauf systematisch zu untergliedern. Nach der Spezifikationsphase erfolgt dabei häufig eine Aufteilung der Entwicklung in Hardware, Software und Mechanik mit eigenen Teilmodellen der Entwicklungsmethodik. Hier soll nur die Entwicklung einer elektronischen Schaltung näher betrachtet werden.

Welche Probleme sind bei der Entwicklung einer elektronischen Schaltung zu lösen? Es müssen die Anforderungen an die Funktion bei minimalen Kosten erfüllt werden. Schaltungstechnisch müssen die nichtidealen Eigenschaften der Bauelemente und der Einfluss von Störgrößen berücksichtigt werden.

Das Vorgehen kann wie folgt zusammengefasst werden:

- Systemanalyse mit Schnittstellenbeschreibung
- Funktionsanalyse, Aufteilung in Funktionsblöcke
- Systementwurf, Netzwerkberechnung(en), Simulation(en)

Ausgehend von einer Produktidee oder der Anfrage zu einer Produktentwicklung wird ein *Lastenheft* (Anforderungsprofil) erstellt. Dieses beschreibt, *was* und *wofür* etwas entwickelt werden soll. Ein Lastenheft ist die Gesamtheit der Forderungen des Auftraggebers an die Lieferungen und Leistungen eines Auftragnehmers. Das Lastenheft wird deshalb meist vom Auftraggeber erstellt (oder in Zusammenarbeit mit dem Auftragnehmer). Der Inhalt eines Lastenheftes umfasst die Beschreibung aller Forderungen und Randbedingungen aus Anwendersicht. Im Lastenheft wird beschrieben, um was für eine Aufgabe es sich handelt und wofür diese zu lösen ist, es enthält Basisspezifikationen, z. B. Produktdaten, Produktfunktionen, Qualitätsanforderungen, jedoch keine Ausführungsbestimmungen. Ein Lastenheft kann als Vertragsgrundlage oder als Grundlage zum Einholen von Angeboten dienen.

Ein anschließend zu erstellendes *Pflichtenheft* beschreibt, *wie* und *womit* etwas realisiert wird. Das Pflichtenheft beschreibt die Umsetzung der zu erbringenden Ergebnisse (Lasten) in Tätigkeiten (Pflichten). Das Pflichtenheft wird vom Auftragnehmer erstellt und beinhaltet die Beschreibung der Realisierung aller Anforderungen des Lastenheftes.

Hat der Auftragnehmer ein Lastenheft erhalten, so folgt eine Prüfung der Realisierbarkeit. Scheint es physikalisch oder nach dem Stand der Technik überhaupt möglich, die gestellten Aufgaben zu erfüllen? Wo liegen Risiken und wie groß sind sie?

Soll ein Angebot für die Entwicklung und die Produktion einer Baugruppe erstellt werden, so sind eine Vielzahl von Tätigkeiten notwendig, von denen hier nur einige in Stichpunkten aufgeführt werden:

- Erstellung eines Blockschaltbildes
- Erste Auswahl von Bauteilen
- Erstes Detailschaltbild entwickeln
- Berücksichtigung von Varianten
- Beachtung von Richtlinien und Gesetzen
- Bei Dokumentationspflicht (Produkthaftungsgesetz) das Traceability-Konzept festlegen, damit eine Rückverfolgbarkeit von Einsatzmaterialien, durchgeführten Prüfungen und der Verteilung des Produkts gewährleistet ist
- Terminplan mit Meilensteinen erstellen
- Projektteam namentlich benennen
- Schätzung von Werkzeugkosten und Prüfzeiten
- Kosten für Prüfgeräte in der Produktion ermitteln
- Kosten für die Qualifikation ermitteln (Sicherstellung, Überprüfung aller geforderten Produkteigenschaften durch Tests)
- Art und Kosten der Verpackung und des Transports berücksichtigen
- Entwicklungsaufwand (Dauer, Kosten) schätzen
- Materialsummenpreis bilden
- Fertigungskosten ermitteln
- Durchführung der Kalkulation
- Erstellung des Angebotes mit Präsentationsunterlagen.

Nach einer Auftragserteilung ist die Bauteileauswahl zu überprüfen. Das System wird mit allen Schnittstellen (z. B. elektrische Signale der Steckverbindungen einer Baugruppe) beschrieben. Es folgt eine Analyse aller Funktionsanforderungen und eine Aufteilung in einzelne Funktionsblöcke. Durch eine Aufteilung in Teilsysteme ist eine Arbeitsteilung im Team möglich, und Umfang und Komplexität der Aufgaben bleiben überschaubar. Entsprechend den Funktionsanforderungen werden Detailschaltbilder entwickelt. Dabei kann durch Netzwerkberechnungen und Simulation von Schaltungsteilen eine Absicherung der Funktionsweise des zu entwickelnden Gerätes unter allen Randbedingungen erfolgen. Werte von Bauteilen haben herstellungsbedingt nur eine gewisse Genauigkeit bzw. haben Toleranzen, die für die Funktionsweise von Bedeutung sein können, und bei der Entwicklung genauso berücksichtigt werden müssen, wie z. B. unterschiedliche Umgebungstemperaturen.

Das Schaltbild (auch Schaltplan oder Stromlaufplan genannt) beschreibt, wie einzelne Bauteile elektrisch miteinander verbunden sind. Für die Erstellung eines ersten Musters wird das Schaltbild durch den Vorgang »Layout« in eine Herstellungsvorschrift für eine »Leiterplatte« umgesetzt (diese Begriffe werden später genauer erklärt), auf der die Bauteile aufgelötet werden. Um Probleme bei der späteren Serienfertigung zu vermeiden, ist während der Entwicklung immer wieder zu überprüfen, ob das Design produktionsgerecht ist, oder ob z. B. durch Verletzung von Designrichtlinien Fehler beim Löten eines Bauteils vorhersehbar sind und verhindert werden können.

Parallel zur Entwicklung der so genannten »Hardware« einer Baugruppe wird die »Software« entwickelt, falls ein Mikroprozessor vorhanden ist. Die Kosten der Softwareentwicklung sind häufig viel höher als die Kosten der Hardwareentwicklung. Hier liegen auch oft Gefahren größerer Terminverzögerungen.

Mit ersten Mustern werden Funktionstests durchgeführt. Eventuelle Probleme führen zu Änderungen der Schaltung und zu besseren Musterständen. Die Qualität des Produktes ist stets zu überprüfen und zu erhöhen. Falls mit dem Kunden vereinbart, muss eine Reifegrad-Bewertung erfolgen.

Falls gefordert, müssen Abnahmeprüfungen oder Zulassungen bei Ämtern durchgeführt werden. In der Phase der »Qualifikation« werden an Geräten, die bereits auf der späteren Produktionslinie gefertigt wurden, bestimmte Prüfungen durchgeführt. Dazu können mechanische Prüfungen wie Rütteln oder Schockbeanspruchung, Funktionsprüfungen unter extremen Umweltbedingungen (Feuchte, Temperatur) oder ein »Lebensdauertest« (Dauerbetrieb über z. B. 12 Wochen) gehören.

Art und Umfang der Prüfungen in der Produktion müssen festgelegt werden. Hier ist der »Incircuit-Test« zu nennen, mit dem überprüft wird, ob alle Bauteile richtig auf der Leiterplatte bestückt sind, und ob alle Bauteile funktionieren. Beim »Endtest« werden alle Funktionen des Gerätes geprüft, ehe es für den Versand verpackt wird.

Auch die Vorbereitungen für einen Serienanlauf müssen getroffen werden. Fertigungsunterlagen und Prüfvorschriften sind häufig von der Entwicklung zu erstellen. Ein rechtzeitiger Materialeinkauf leitet die Serienproduktion ein.

Wie man sieht, ist die Schaltungsentwicklung ein wichtiger Vorgang bei der Entwicklung eines elektronischen Gerätes. Bereits bei der Schaltungsentwicklung wird festgelegt, in welcher Form die Schaltung aufgebaut und später in der Produktion (evtl. in hoher Stückzahl) hergestellt wird. Im nächsten Abschnitt werden die verschiedenen Möglichkeiten zum Aufbau elektronischer Schaltungen betrachtet.

2 Aufbau elektronischer Schaltungen

Nicht nur ein guter Entwurf, auch der Aufbau einer elektronischen Schaltung ist für die Funktionsfähigkeit der Schaltung von entscheidender Bedeutung. Jede Verbindung zwischen den einzelnen Bauelementen beeinflusst das Verhalten der Schaltung. Der Aufbau einer elektronischen Schaltung ist deshalb so zu gestalten, dass die Einflüsse aller Verbindungsleitungen auf die Eigenschaften der Schaltung so gering als möglich sind. Der ohmsche Widerstand von Leitungen, kapazitive und induktive Kopplungen sowie Störungen durch hohe Ströme müssen durch entsprechende Auslegung der Verbindungsleitungen berücksichtigt werden.

2.1 Freitragende Verdrahtung

Bis in die Jahre um ca. 1960 wurden elektronische Schaltungen überwiegend so aufgebaut, dass man die Drahtanschlüsse der einzelnen Bauelemente an Lötstützpunkten befestigte und mit Schaltdraht, der Funktionsweise des Gerätes entsprechend, verbunden hat. Der isolierende Schaft der Lötstützpunkte war auf einer Trägerplatte (meist ein Chassis aus Blech) angebracht. An einer oder mehreren verzinnten Lötösen wurden die Drahtanschlüsse der Bauteile und weiterführende Drahtverbindungen verlötet. Die Bauteile hingen oder standen zwischen den Lötstützpunkten also oft »in der Luft«. Man spricht deshalb auch von einer »fliegenden Verdrahtung« oder »Freiverdrahtung«. Mit dieser Art der Verdrahtung waren früher Radiogeräte aufgebaut. Von Bastlern wird diese Möglichkeit der Verdrahtung auch heute noch benutzt.

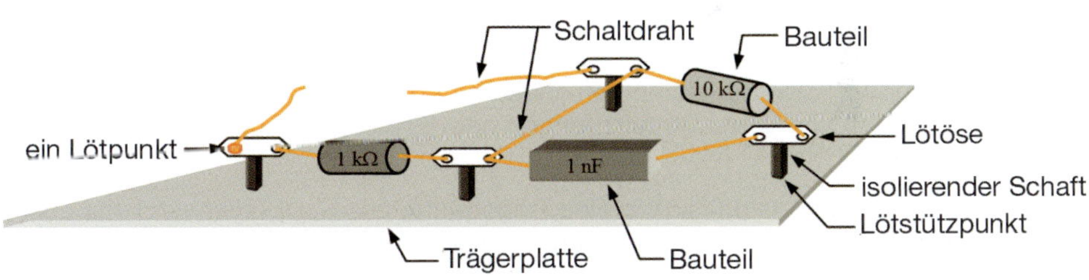

Abb. 4: Skizze einer Verdrahtung elektronischer Bauteile mit Schaltdraht und Lötstützpunkten

Abb. 5: Foto eines Schaltungsaufbaus in fliegender Verdrahtung (Bildquelle: Herr Falk Eichmann)

2.2 Aufbau von Versuchsschaltungen

2.2.1 Lötleisten

Die freie Verdrahtung von Bauelementen findet mit Lötleisten und mit Lochrasterplatinen für den Aufbau von Versuchsschaltungen oder Prototypen auch heute noch Verwendung.

Bei *Lötleisten* (Lötösenleisten) sind in eine Trägerplatte aus Hartpapier verzinnte Lötösen eingepresst. Für kleinere Versuchsaufbauten können an die Lötösen Bauteile freitragend angelötet und mit Schaltdraht untereinander verbunden werden.

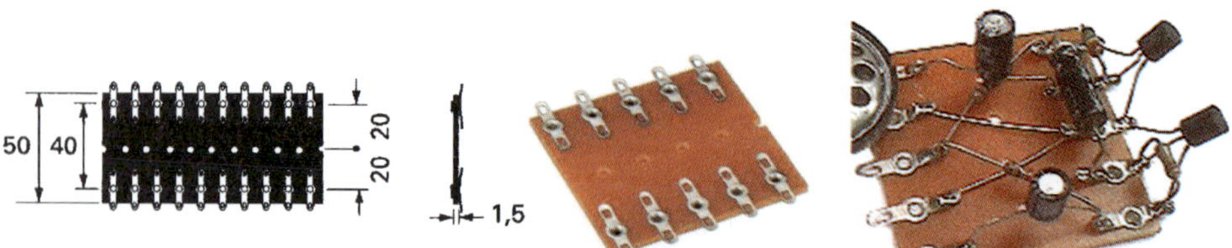

Abb. 6: Doppelreihige Lötleiste für den Aufbau von Versuchsschaltungen und Ausschnitt einer darauf frei verdrahteten Schaltung

2.2.2 Laborkarten

2.2.2.1 Lochrasterplatine

Platine
Eine *Lochrasterplatine* (Lochrasterplatte) ist eine meist 1,5 mm dicke Platte aus einem isolierenden Basismaterial (*Substrat*) mit vielen Bohrungen. Der Bohrungsdurchmesser ist normalerweise 1,0 mm. Das Raster der Bohrungen ist in der Fläche der Platine regelmäßig, üblicherweise beträgt der Abstand 2,54 mm in beiden Richtungen. Dieses Rastermaß entspricht 100 mil, 1 mil = 1 tausendstel Zoll = 25,4 mm : 1000 = 25,4 µm.

Das Basismaterial der Platte kann aus Phenolharz-Hartpapier (Bezeichnung: FR2, bekannt als Pertinax, Hartpapier), Epoxidharz-Hartpapier (Bezeichnung: FR3) oder aus Epoxidharz-Glasfasergewebe (isolierender Kunststoff, Bezeichnung FR4) bestehen. Lochrasterplatinen besitzen auf ihrer Oberfläche keine zusätzliche Schicht aus Kupfer.

An einer Schmalseite der Platine können Rasterreihen für Durchsteckkontakte eines Steckverbinders und Bohrungen für dessen Schraubbefestigung vorhanden sein. Es besteht eine Anschlussmöglichkeit durch eine 32-, 64-, oder 96-polige (ein-, zwei-, oder dreireihige) Stiftleiste (oft nach der Norm kurz als »VG-Leiste« bezeichnet). Über in einer Rückwand eingebaute Gegenstücke (Buchsenleisten) dieser Stiftleisten, können die wechselseitigen Verbindungen mehrerer, in einem Gestell (Verdrahtungsrahmen, Baugruppenträger) eingesteckter Platinen hergestellt werden (Rückwandverdrahtung). Siehe hierzu auch Abb. 11 und Abb. 12.

Verdrahtung
Durch die Bohrungen werden die Drahtanschlüsse der Bauteile gesteckt. Die freie Verdrahtung kann als fliegende Verdrahtung oder als starre Verdrahtung erfolgen.

Bei der fliegenden Verdrahtung wird mit isolierten Drähten (*Volldraht*, keine *Litze* aus einzelnen feinen Drähtchen), deren Enden abisoliert sind, entsprechend dem Schaltplan von Anschluss zu Anschluss der Bauteile verdrahtet. Die Verbindungsdrähte werden meistens auf der Oberseite der Platine verlegt, und ihre durchgesteckten Enden mit den Bauteilanschlüssen verlötet. Mit den Verbindungsdrähten werden die Bauteile elektrisch miteinander verbunden. Bei dieser Technik ist die Platine der mechanische Träger der Bauteile, welche sich auf der Oberseite (Bestückungsseite) der Platine befinden. Auf der Unterseite der Platine können evtl. noch notwendige Verbindungen (Brücken) verlegt werden.

Bei der starren Verdrahtung wird mit so genanntem Silberdraht (ein nicht isolierter Volldraht) auf der einen Seite der Platine nur in eine Richtung, und auf der anderen Platinenseite möglichst nur in die andere Richtung verdrahtet. Ist eine Brücke notwendig und eine Kreuzung von Drähten unvermeidlich, so kann sie mit isoliertem Draht ausgeführt werden, falls die Kreuzung zu einem Kurzschluss führen würde.

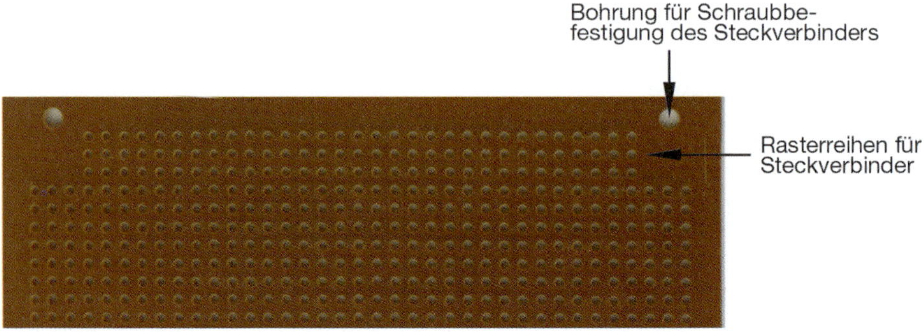

Abb. 7: Einfache Lochrasterplatine

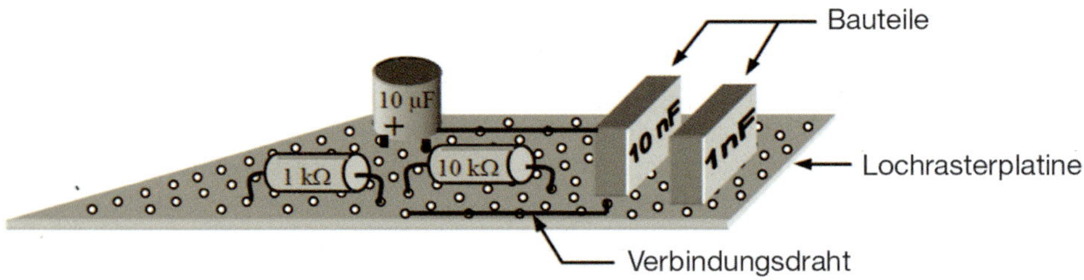

Abb. 8: Skizze einer Lochrasterplatine mit bestückten Bauteilen (Sicht auf Bestückungsseite)

Abb. 9: Aufbau von Schaltungen auf Lochrasterplatinen

2.2.2.2 Punktrasterplatine

Andere Ausführungen von Lochrasterplatinen sind mit einem Punktraster von »Lötaugen« versehen. Dabei umgibt jede Bohrung eine kleine, runde oder rechteckige Kupferfläche, die zur besseren Lötbarkeit bereits verzinnt sein kann. Diese Lötaugen können nur auf einer Seite oder auf beiden Seiten der Platine vorhanden sein. Sich auf beiden Seiten gegenüberliegende Lötaugen können auch durch eine so genannte *»Durchkontaktierung«* elektrisch leitend miteinander verbunden sein. Zur Herstellung von Durchkontaktierungen (Durchmetallisierungen) werden durch geeignete Verfahren (z. B. chemische Metallabscheidung, Direktmetallisierung) leitfähige Schichten an den Wänden der Bohrlöcher erzeugt, die obere und untere Lötaugen verbinden.

Durch das Anlöten der Bauteilanschlüsse an diese Lötaugen ist eine bessere mechanische Verbindung der Bauteile mit der Lochrasterplatte gegeben. Die Bauteile können auf der Platine nicht mehr wackeln, sondern sind fest mit der Platte verbunden. Durchkontaktierungen ergeben zusätzlich eine erhöhte mechanische Sicherheit beim Einlöten der Bauteile und eine kontaktsichere Verbindung der beiden Platinenseiten.

Durchgehend verbundene Lötaugenreihen rechts und links außen am Lochrasterfeld dienen als Verteilerschienen für Plus- und Minuspol der Spannungsversorgung. Es können auch Rasterfelder für spezielle Steckverbinder vorgesehen sein. Das Rastermaß ist meist 2,54 mm mal 2,54 mm.

Das Basismaterial der Punktrasterplatine kann je nach Ausführung unterschiedlich sein, wie oben bei der Lochrasterplatine (Abschnitt 2.2.2.1) beschrieben.

Eine freie Verdrahtung kann, wie ebenfalls in Abschnitt 2.2.2.1 beschrieben, auch bei der Punktrasterplatine fliegend oder starr erfolgen.

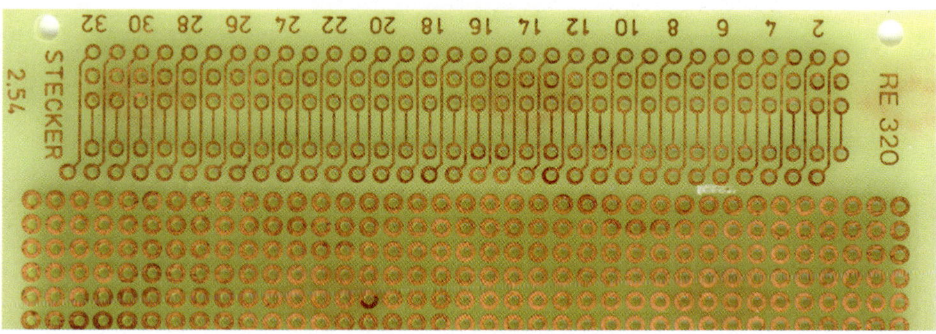

Abb. 10: Punktrasterplatine mit runden (nicht verzinnten) Kupferflächen

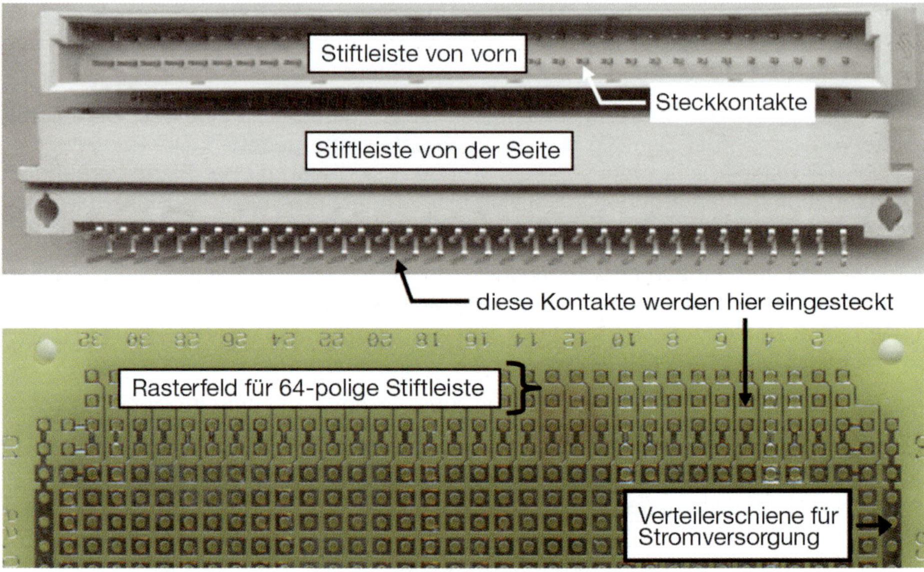

Abb. 11: Punktrasterplatine mit viereckigen, verzinnten Lötaugen, darüber ein passender Steckverbinder

Abb. 12: Punktrasterplatine mit Stift- und Buchsenleiste

2.2.2.3 Streifenleiterplatine

Es gibt auch Lochrasterplatinen, bei denen auf der Unterseite jeweils eine ganze Reihe der Bohrungen in einer Richtung durch einen dünnen, aufgepressten Kupferstreifen verbunden ist. Die durchgesteckten Drahtanschlüsse der Bauteile können direkt mit dem Kupferstreifen verlötet werden. Der Kupferstreifen bildet die elektrische Verbindung zu dem Anschluss eines anderen Bauteils. Die Anzahl der noch notwendigen Drahtverbindungen reduziert sich dadurch auf Querverbindungen in senkrechter Richtung zu den Kupferbahnen. Ist eine Verbindung entlang eines Kupferstreifens entsprechend dem zu realisierenden Schaltplan nicht erwünscht, so wird die Kupferbahn unterbrochen, indem ein schmaler Teil von ihr mit einem Messer oder einem speziellen Werkzeug (Leiterbahnunterbrecher) herausgeschnitten wird.

Bei einer Variante der Streifenleiterplatine sind nur die Bohrungen jeder zweiten Reihe mit einem Kupferstreifen miteinander verbunden. Durchgehende Kupferbahnen auf den Seiten der Platine können als Verteilerschienen für Plus- und Minuspol der Spannungsversorgung dienen.

Abb. 13: Ausschnitt der Unterseite einer Lochrasterplatine mit Lötstreifen

Abb. 14: Werkzeug zum Unterbrechen eines Kupferstreifens

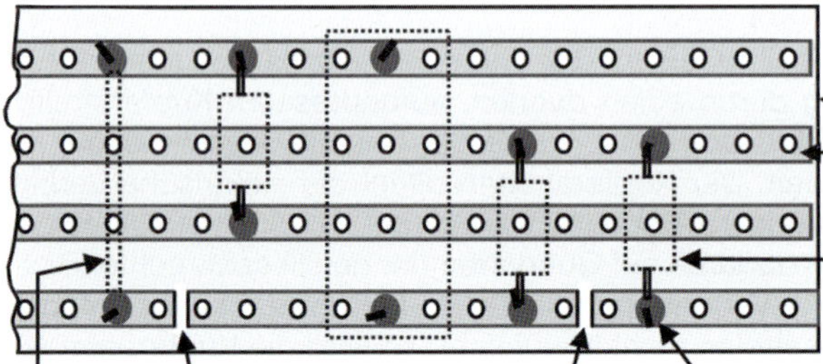

Abb. 15: Schematische Darstellung der Unterseite einer Lochrasterplatine mit Kupferstreifen und mit Bauteilen auf der Oberseite

Bisher wurden nur die üblichsten Laborkarten angesprochen. Für den Aufbau von Versuchsschaltungen stehen auch Laborkarten zur Verfügung, die eine Bestückung mit herkömmlichen integrierten Schaltungen (ICs) mit Anschlüssen in Durchstecktechnik im Raster 2,54 mm, sowie von ICs im SMD-Gehäuse für die Oberflächenmontage mit Anschlüssen im Raster 1,27 mm ermöglichen. Laborkarten sind auch als Einsteckkarten für PC-Erweiterungen zum schnellen Aufbau von Datenerfassungs-, Grafik- oder Schnittstelleneinheiten erhältlich.

Es gibt eine Vielfalt von Laborkarten mit unterschiedlicher Größe, Form, Leiterbahnführung und Art der Kontaktierung von Bauelementen und Steckverbindungen.

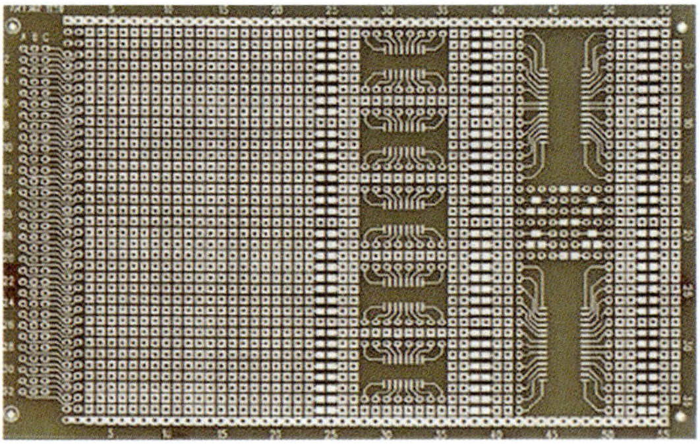

Abb. 16: Laborkarte sowohl für herkömmliche Bauteile mit Drahtanschlüssen, als auch für SMD-Gehäuse

2.2.2.4 Spezielle Verdrahtungsmethoden

Fädeltechnik

Bei der Fädeltechnik wird auf einer Platine ein dünner lackisolierter Kupferdraht mit einem Fädelstift von Anschlusspunkt zu Anschlusspunkt geführt. Der Fädelstift dient nicht nur zur Führung des Drahtes, er trägt auch eine Vorratsrolle mit aufgewickeltem Draht. Der Kupferdraht kann für eine erste mechanische Fixierung um den Anschluss eines Bauteils gewickelt werden. Dann wird er abgezwickt, aber nur, falls er nicht weitergeführt werden soll. Anschließend wird der Draht an den Anschluss des Bauteils gelötet, dabei verdampft die Lackisolation des Drahtes, und es wird eine Verbindung zum Bauteilanschluss hergestellt. Um eine völlig regellose Führung der Drähte kreuz und quer über die Platine wenigstens einzuschränken, können die Drähte mit Hilfe von so genannten Fädelkämmen bei der Verlegung gebündelt werden.

Bei digitalen Schaltungen ist die Funktionsweise einer so aufgebauten Schaltung recht gut, bei analogen Schaltungen besteht aber die Gefahr kapazitiver Kopplungen zwischen den einzelnen Drähten.

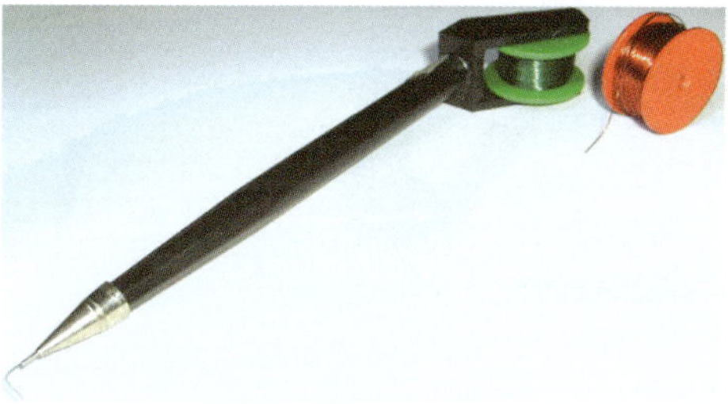

Abb. 17: Fädelstift mit Drahtrolle

Abb. 18: Ausschnitt einer gefädelten Platine von unten (blau = Fädelkämme)

Wire-Wrap-Technik (Drahtwickel-Verbindungstechnik)

Bei dieser Verdrahtungsmethode wird mit Hilfe eines speziellen Werkzeugs (Wire-Wrap-Pistole, Wire-Wrap-Wickelwerkzeug, mit Hand-, Elektro-, oder Druckluftbetrieb) ein dünner Draht straff um einen quadratischen Anschlusspfosten gewickelt. Nach dem Wickelvorgang kann der Draht abgeschnitten werden. Der Anpressdruck ist beim Wickeln so hoch, dass eine Kaltverschweißung zwischen Draht und Anschlusspfosten stattfindet. Die Anschlusspfosten sind lang genug, dass auf jedem bis zu drei Verbindungen erzeugt werden können. Je nach Drahtdurchmesser sollen vier bis sieben Drahtwindungen um den Anschlusspfosten liegen.

Diese Verbindungstechnik wird hauptsächlich bei Schaltungen mit vielen ICs eingesetzt, da es für integrierte Schaltungen Wire-Wrap-Sockel gibt. Für Schaltungen mit vielen Widerständen, Kondensatoren, Dioden, also Bauelementen mit Drahtanschlüssen, ist diese Methode weniger geeignet.

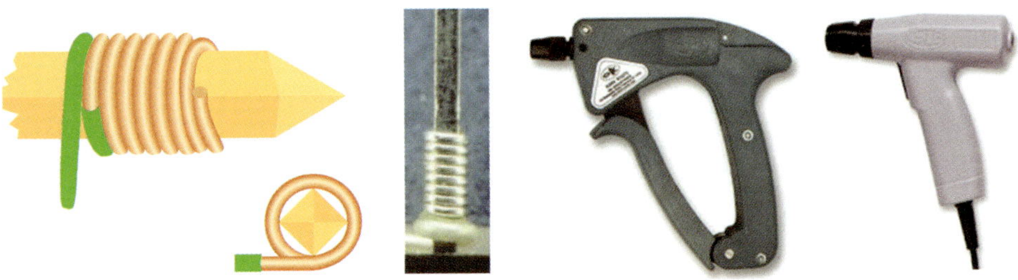

Abb. 19: Wire-Wrap-Verbindung, Wickelpistole für Hand-, Elektrobetrieb

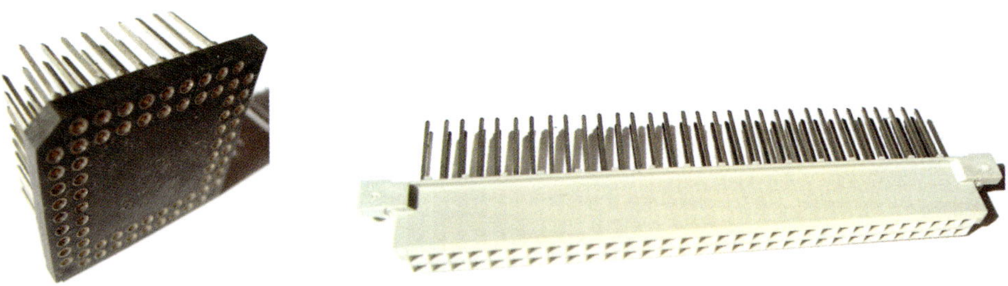

Abb. 20: IC-Sockel (links) und VG-Buchsenleiste (rechts) in Wire-Wrap-Technik

2.2.3 Steckbrett

Mit einem Steckbrett kann eine Versuchsschaltung sehr schnell aufgebaut werden. Bauteile und Verbindungsdrähte werden dabei nicht miteinander verlötet, sondern die Drahtanschlüsse der Bauteile und die abisolierten Enden von Schaltdrähten werden in kleine Buchsenkontakte eingesteckt.

Aufbau

Steckbretter gibt es in verschiedenen Ausführungen und Größen. An den Seiten des Steckbrettes sind Buchsen über die Hälfte oder die gesamte Länge des Brettes miteinander verbunden. Sie bilden einen langen Bus und dienen als Abzweigstellen der Spannungsversorgung zu den einzelnen Bauteilen. In der Mitte befindet sich ein Feld mit mehreren Lochreihen, meist mit dem Rastermaß 2,54 mm. In diese Buchsenkontakte werden die Anschlüsse von Bauelementen und die abisolierten Enden von Verbindungsdrähten gesteckt. Um für einen Anschlusspunkt mehrere Abzweig- bzw. Anschlussmöglichkeiten zu haben, sind mehrere nebeneinander liegende Buchsenkontakte (meist sind es fünf) leitend miteinander verbunden. Diese Anschlusszeilen sind in zwei parallelen Reihen angeordnet, die durch einen 3 mm breiten Spalt getrennt sind. Integrierte Schaltkreise in Dual-Inline-Bauform können so auf das Brett gesteckt werden, dass die eine Reihe der Anschlüsse links neben dem Spalt und die andere Reihe rechts davon steckt. Für jedes Beinchen eines DIL-ICs stehen dann noch vier Anschlusspunkte zur Verfügung.

Andere Bauteile wie z. B. Widerstände, Kondensatoren, Dioden oder Transistoren können an beliebiger anderer Stelle innerhalb der Kontaktreihen eingebaut werden. Um sie untereinander zu verbinden, kann man entweder jeweils einen Anschluss der Bauteile in eine gemeinsame Zeile stecken, oder man verwendet für längere Wege Drahtbrücken.

Häufig sind auf Steckbrettern mehrere Buchsen für Bananenstecker angebracht, um die Spannungsversorgung anschließen zu können. Wird das Plastikteil dieser Buchsen etwas locker geschraubt, so kann ein abisoliertes Drahtende zwischen diesem Aufsatz und einem darunter liegendem Metallkontakt eingeklemmt werden. Dieser Draht führt dann von der Buchse zum Versorgungsbus an den Rändern des Steckbretts.

Einschränkungen

Dem Vorteil des schnellen Aufbaus einer Schaltung steht der Nachteil mechanisch wenig stabiler Verbindungen und Befestigungen von Bauteilen gegenüber.

SMD-Bauteile können nicht verwendet werden (zumindest nicht ohne zusätzliche Adapter), da sie keine Drahtanschlüsse besitzen. Die zeilenweise Verbindung der Kontakte ist auf dem Steckbrett fest vorgegeben. Zweireihige Stecker können daher ebenfalls nicht verwendet werden, weil sie Kurzschlüsse verursachen würden. Für große Ströme oder Spannungen sind Steckbretter in der Regel nicht ausgelegt. Größere Schaltungen werden auf dem Steckbrett schnell unübersichtlich. Da die Steckkontakte ziemlich große parasitäre Kapazitäten besitzen, sind Steckbretter für hohe Frequenzen nicht geeignet.

Abb. 21: Ein Steckbrett zum Aufbau von Versuchsschaltungen

Abb. 22: Aufbau einer Versuchsschaltung auf einem Steckbrett

2.2.4 Übergang zur Leiterplatte

Der Aufbau von Versuchsschaltungen ist also meistens mit einer freien Verdrahtung verbunden, auch wenn diese durch mehr oder weniger komfortable Experimentierplatinen erleichtert wird.

Vorteile der freien Verdrahtung sind, dass sowohl Herstellung als auch Reparatur einer elektronischen Schaltung leicht durchführbar sind. Ein Nachteil ist die geringe Packungsdichte der Bauteile und der dadurch bedingte große Bauraum einer aufgebauten Schaltung. Eine spezielle Experimentierplatine kann auch erheblich teurer sein als eine für ein bestimmtes Produkt in großen Stückzahlen hergestellte Leiterplatte. Außerdem muss jede Schaltung bzw. Baugruppe zeitaufwendig und fehlerträchtig von Hand hergestellt werden. Deshalb ist dieser Aufbau von Schaltungen, der für Experimentierzwecke im Labor oder für die Herstellung eines Einzelstückes vorteilhaft ist, für die Serienfertigung großer Stückzahlen von Baugruppen völlig ungeeignet. Aus diesem Grunde setzte sich die »gedruckte Schaltung« durch, wobei die Drahtverbindungen durch geätzte, Strom leitende Strukturen (Leiterbahnen) auf einer Platine ersetzt wurden. Der Begriff »gedruckte Schaltung« stammt von früher, als die Leiterbahnen noch mit Siebdrucktechnik aufgebracht wurden. Durch das Aufbringen von Leiterbahnen auf eine Platine entsteht eine Platte mit Leitern, also eine »Leiterplatte«.

Ehe näher auf Entwurf, Eigenschaften und Aufbau von Leiterplatten eingegangen wird, werden die unterschiedlichen Bauformen elektronischer Bauteile aufgezeigt, da die Bauweise der Leiterplatte von der Ausführung der verwendeten Bauteile abhängt.

2.3 Bauformen elektronischer Bauteile

2.3.1 Bedrahtete und SMD-Bauteile

Bauteile sind in zwei grundsätzlich unterschiedlichen Ausführungen erhältlich.

Bedrahtete Bauteile besitzen Anschlüsse aus Draht bzw. Drahtspitzen (»Pins«). Bei der Montage dieser Bauteile auf einer Leiterplatte (dies wird als *Bestückung* bezeichnet) werden ihre Anschlussdrähte von oben (Bestückungsseite) durch Bohrungen in der Platine gesteckt und auf der Unterseite (Lötseite) verlötet. Nach dem Löten werden zu lange, überstehende Anschlussdrähte auf der Lötseite abgeschnitten, wenn sie nicht, wie üblich, bereits vor dem Bestückungsvorgang gekürzt wurden. Die Bohrungen sind mit (meist durchkontaktierten) Lötaugen versehen, von denen Leiterbahnen entsprechend dem Stromlaufplan zu anderen Anschlusspunkten in der Schaltung führen. Die Anschlussdrähte müssen vor der Montage der Bauteile evtl. umgebogen werden. Das Kürzen und Umbiegen der Anschlussdrähte wird *Zurichten* der Bauteile genannt. Wegen der verwendeten Durchstecktechnik werden bedrahtete Bauteile auch als THT-Bauteile bezeichnet (THT = **T**hrough **H**ole **T**echnology).

SMD-Bauteile (engl.: SMD = **S**urface **M**ounted **D**evice = Bauelement für die Montage auf der Leiterplattenoberfläche) besitzen keine Anschlussdrähte (die Anschlüsse werden trotzdem als Pins bezeichnet). Die Gehäuse dieser Bauteile haben Kontaktflächen, die auf Lotdepots auf der Leiterplattenoberfläche gesetzt werden. Diese Depots aus Lötzinn werden vor dem Bestückungsvorgang auf kleine Kontaktierungsflächen (»Pads«) aufgebracht, die sich auf der Oberfläche der Leiterplatte befinden. Von den Pads führen Leiterbahnen zu anderen Punkten der Schaltung. Bei der Platzierung des Bauteils kann es mit einem Tröpfchen Klebstoff (häufig in der Mitte des Bauteilkörpers) auf der Platine mechanisch fixiert werden, um es vor einem Verrutschen vor dem Lötvorgang zu schützen. Um das Bauteil zu löten, werden die Lotdepots durch ein geeignetes Verfahren, z. B. durch Infrarotstrahlung oder Heißluft, zum Schmelzen gebracht.

Das Rastermaß der SMD-Bauelemente bzw. der Abstand zwischen den Anschlussbeinen integrierter Schaltungen wird als »Pitch« bezeichnet. Die Verarbeitung oberflächenmontierbarer Bauelemente wird SMT (**S**urface **M**ounted **T**echnology) genannt. Eine beidseitige SMD-Bestückung einer Leiterplatte ist möglich. SMD-Bauteile benötigen keine Lochbohrungen, dadurch ist der Bestückungsprozess einfacher. Durch die hohe Miniaturisierung der SMD-Bauteile benötigen diese wenig Platz, dies führt zu größerer Kompaktheit und zu einer Gewichtsreduzierung von Baugruppen. Deshalb werden vorwiegend SMD-Bauteile eingesetzt.

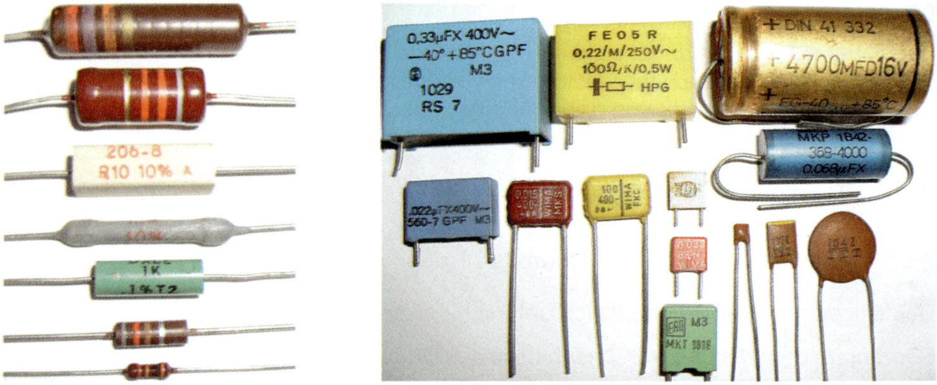

Abb. 23: Bedrahtete Widerstände unterschiedlicher Belastbarkeit (links) und bedrahtete Kondensatoren (rechts)

Abb. 24: Bedrahtete Transistoren und integrierte Schaltungen

Abb. 25: Kondensator (links) und Widerstand (rechts), zum Größenvergleich jeweils bedrahtet und als SMD-Bauteil

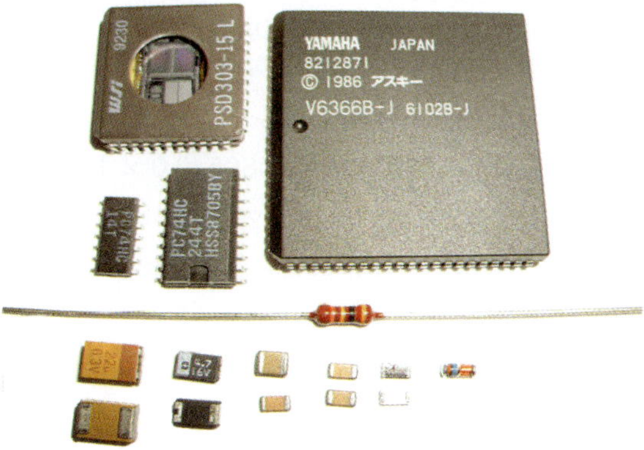

Abb. 26: Kondensatoren, Widerstände, Dioden und integrierte Schaltungen in SMD-Ausführung, zum Vergleich ein bedrahteter Widerstand (1/10 Watt)

2.3.2 Gehäuseformen von SMD-Bauelementen

Die Fertigung von Leiterplatten ist sehr stark automatisiert. Damit die verwendeten Bestückungsautomaten die heute üblichen hohen Verarbeitungsgeschwindigkeiten erreichen konnten, waren Bauelemente die Voraussetzung, welche direkt auf der Oberfläche montierbar waren. Es gab zwar bis ca. Mitte der 1980-er Jahre auch Bestückungsautomaten, die bereits zugerichtete, bedrahtete Bauelemente in herkömmlicher Einsteckmontage automatisch bestücken konnten. Diese Automaten erreichten aber längst nicht die Geschwindigkeit heutiger SMD-Bestückungsautomaten. Für hohe Bestückungsgeschwindigkeiten waren erst die Gehäuseformen der SMD-Technik geeignet.

Praktisch alle passiven Bauelemente wie Widerstände, Kondensatoren, Heiß- und Kaltleiter, Induktivitäten, Dioden, Leuchtdioden, Übertrager, Quarze und auch alle diskreten Halbleiter (Bipolar- und Feldeffekttransistoren) sowie hochpolige integrierte Schaltungen gibt es in SMD-Gehäusen. So vielfältig wie die Art der Bauelemente ist, so verschieden sind auch die Formen der Gehäuse. Im Folgenden werden für diskrete Bauelemente die wichtigsten Arten von SMD-Gehäuseformen und bei ICs zusätzlich ihre Einteilung aufgezeigt.

Abkürzungen in der SMD-Technik

SMD = **S**urface **M**ounted **D**evice (Bauelement)
SMT = **S**urface **M**ounted **T**echnology (Verarbeitung oberflächenmontierbarer Bauelemente)
SMP = **S**urface **M**ounted **P**ackage (Gehäuse)
SME = **S**urface **M**ounted **E**quipment
MELF = **M**etal **E**lectrode **F**ace Bonding (zylindrische Gehäuseform)
MINI MELF, MICRO MELF = kleinere MELF-Bauform

2.3.2.1 Diskrete Bauelemente (passive und Halbleiter)

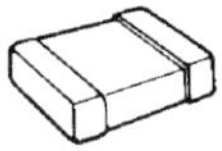

Achtung: Alle angegebenen Abmessungen von Gehäusen aller Art von diskreten und integrierten Bauteilen sind nur als Beispiel zu verstehen.

0201 (0,5 × 0,3 mm), 0402 (1,1 × 0,5 mm), 0603 (1,6 × 0,8 mm), 0805 (2,0 × 1,5 mm)

1206 (3,2 × 1,6 mm), 1210 (3,2 × 2,5 mm), 1812 (4,6 × 3,1 mm), 2220 (5,7 × 5,0 mm)

Abb. 27: Quaderförmige Bauform (Sammelbezeichnung »Chip«) für Widerstände, Kondensatoren, Kaltleiter, Heißleiter, Dioden; Maße der Gehäuse 0201 bis 2220.

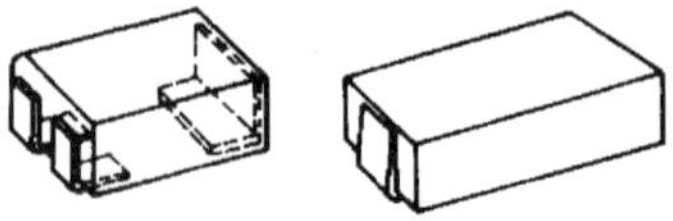

Abb. 28: Tantal- und MKT-Kondensatoren. L × B × H in mm: 3,2 × 1,6 × 1,8 bis 7,3 × 4,3 × 3,4

Abb. 29: Dioden, MELF-Bauform (links), SOD123 (rechts). L × B × H in mm: 3,4 × ∅ 1,6 bis 5,0 × ∅ 2,7 bzw. 3,7 × 1,55 × 1,4 (für SOD123) (SOD = **S**mall **O**utline **D**iode)

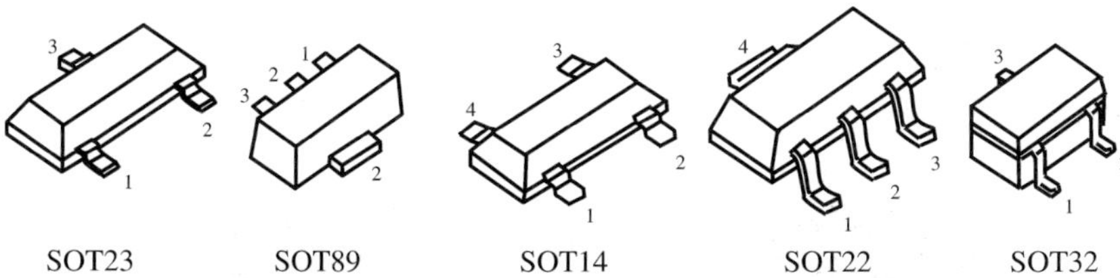

Abb. 30: Übersicht von Bauformen diskreter Transistoren (SOT = **S**mall **O**utline **T**ransistor)

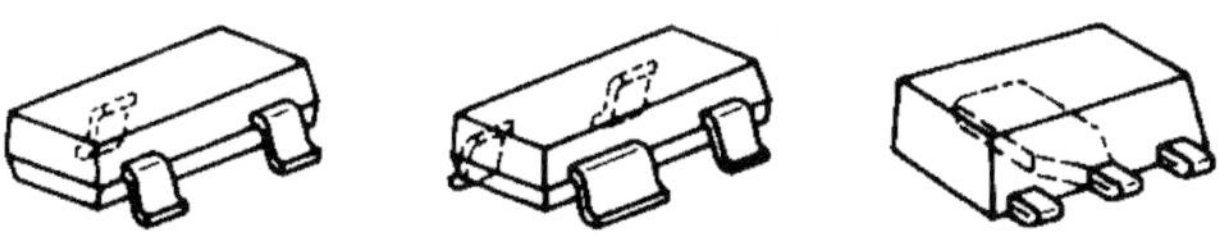

Abb. 31: Diskrete Halbleiter-Bauelemente (Transistoren), SOT23 für dreipolige Halbleiter-Bauelemente (links), SOT143 für vierpolige Halbleiter-Bauelemente (Mitte), SOT89 für höhere Verlustleistungen von 500 mW bis 1 W (rechts). L × B × H in mm: 2,9 × 2,3 × 1,1 bis 6,5 × 7,3 × 1,8

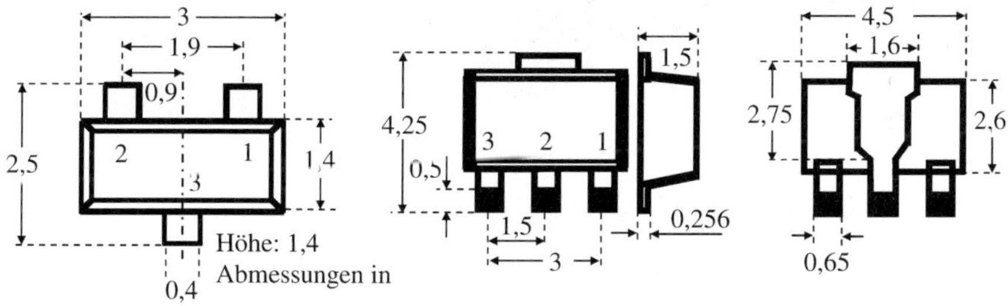

Abb. 32: Abmessungen der Gehäuse SOT23 (links) und SOT89 (rechts)

2.3.2.2 Integrierte Schaltungen

Die Anzahl unterschiedlicher IC-Gehäusearten ist groß. Diese Gehäuse unterscheiden sich nach Anschlusszahl, Leistungsaufnahme und Einbauanforderungen. Eine mögliche Klassifizierung zeigt Abb. 34. Die Gehäuseformen sind in Abb. 35 und Abb. 36 dargestellt. Die Bedeutung der verwendeten Abkürzungen ist in Tabelle 1 zu finden.

Bei PLCC-Gehäusen (**P**lastic **L**eaded **C**hip **C**arrier, mit bis zu ca. 84 Anschlüssen) befinden sich die Pins an den vier Bauteilseiten und sind unter das Gehäuse gebogen. Die Pinform gibt dem Gehäuse eine relativ hohe Stabilität bei mechanischer Belastung.

Negativ ist das verhältnismäßig hohe Gehäuse, schwierig sind das Löten und die optische Lötstellenkontrolle.

SO-Gehäuse (**S**mall **O**utline) gibt es in zwei verschiedenen Breiten mit 8 bis 28 Pins und einem Pinabstand von 1,27 mm.

QFP-Gehäuse (**Q**uad-**F**lat-**P**ack) können bei einem Pinabstand von 0,5 mm bis zu 300 Pins haben.

BGA-Gehäuse (**B**all **G**rid **A**rray) besitzen auf der Unterseite bis zu einige hundert Anschlüsse in Form von winzigen Bällen im Abstand von z. B. 0,65 mm.

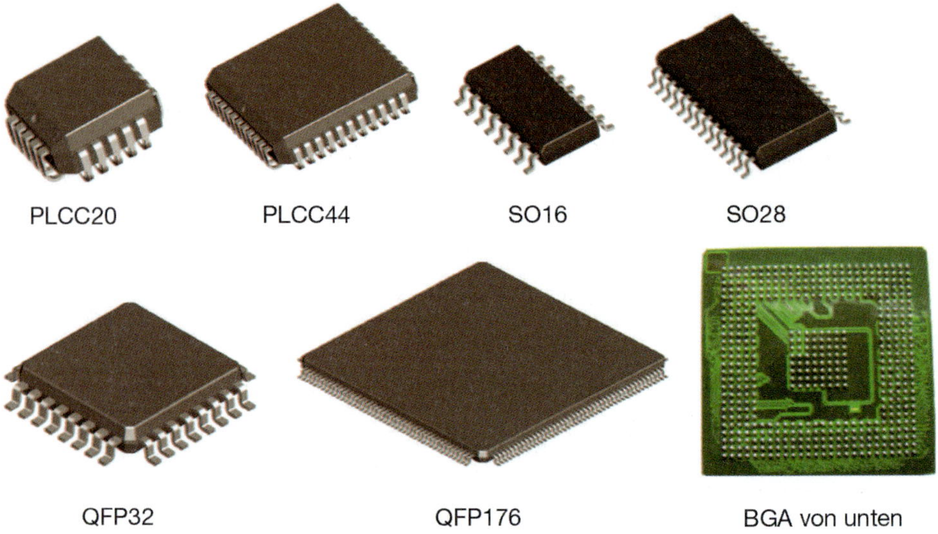

Abb. 33: Einige wichtige SMD-Gehäuse von integrierten Schaltungen

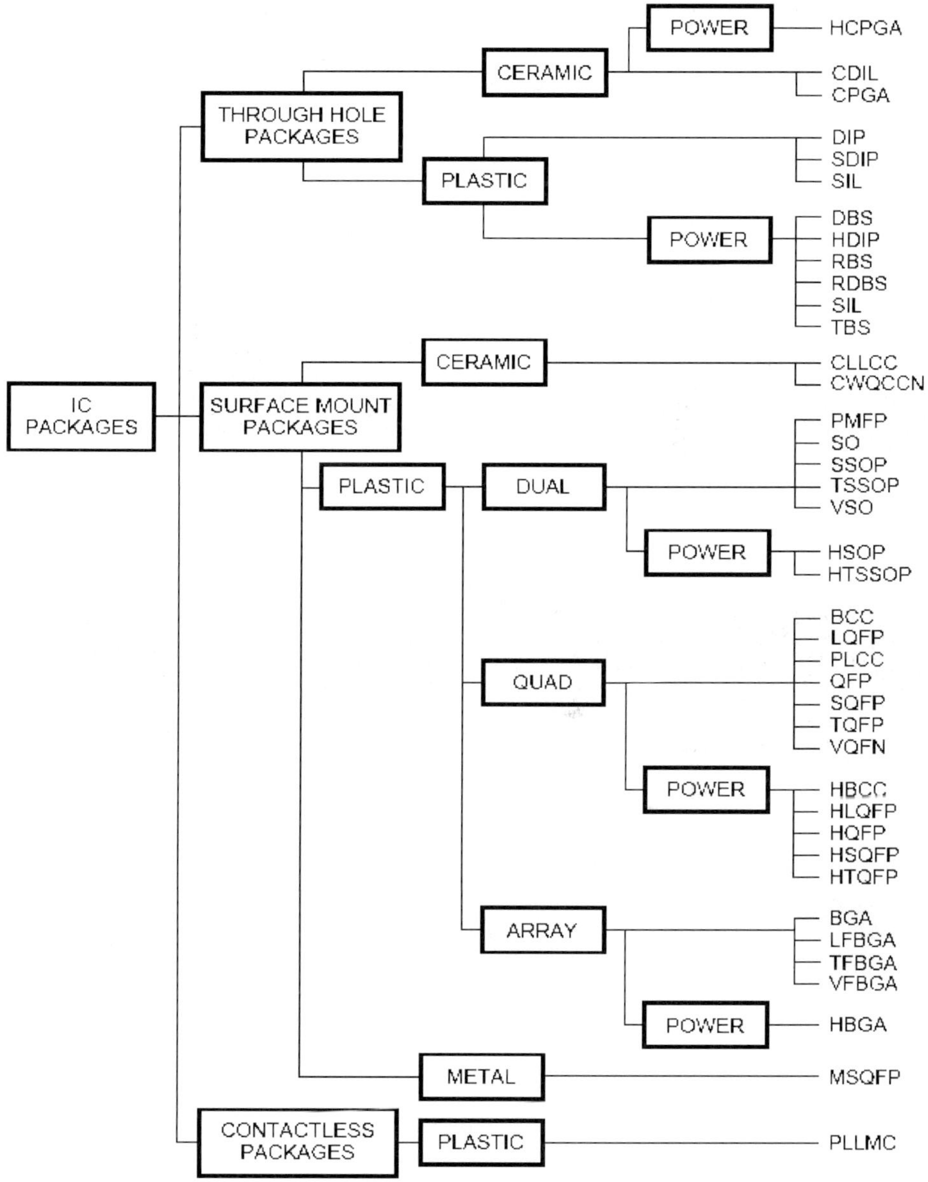

Abb. 34: Einteilung von IC-Gehäusen, Abkürzungen siehe Tabelle 1

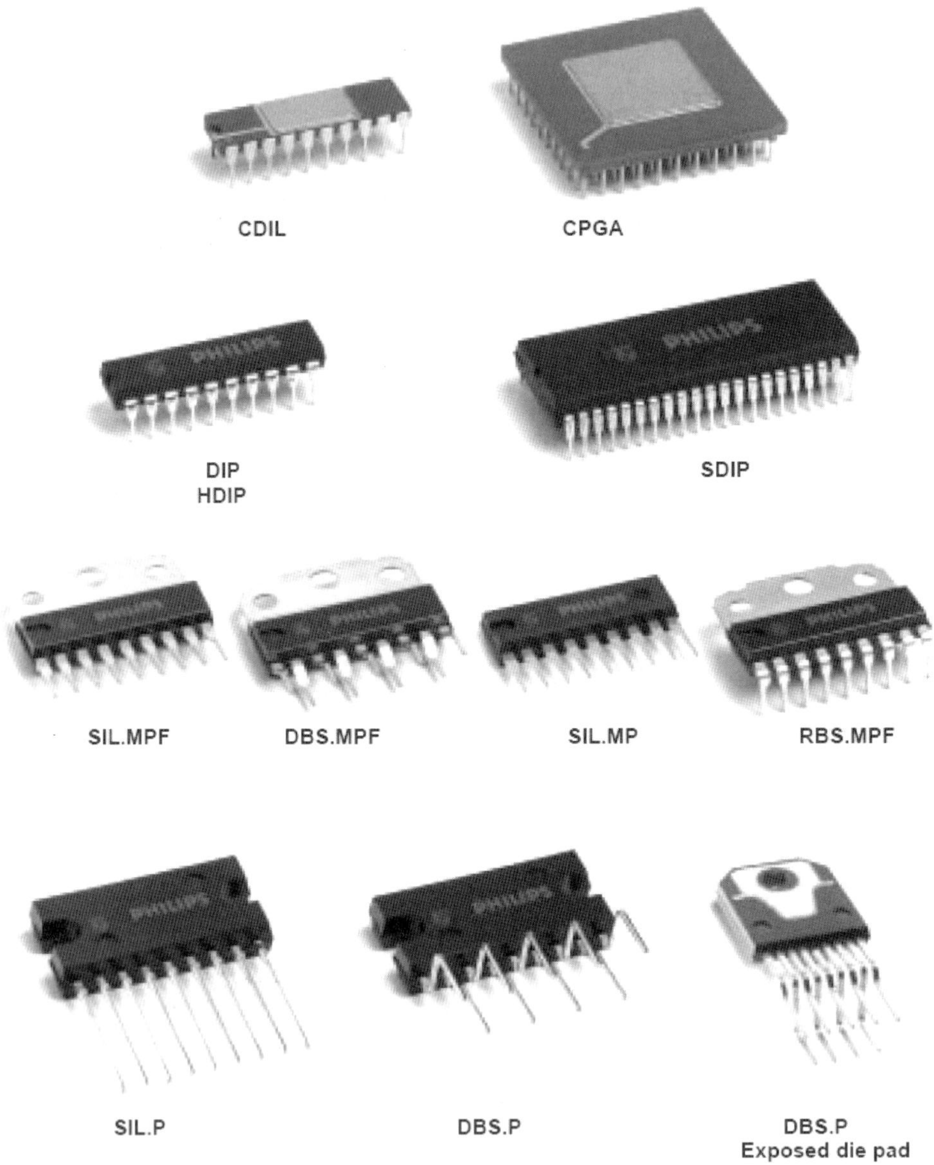

Abb. 35: IC-Gehäuse in Durchstecktechnik, Abkürzungen siehe Tabelle 1

Abb. 36: IC-Gehäuse in SMD-Technik, Abkürzungen siehe Tabelle 1

BGA	Ball Grid Array	Kontakte als kleine Lotkügelchen an der Unterseite
CC	Chip Carrier	
CDIP	Ceramic Dual In Line Package	DIP im Keramikgehäuse
CLCC	Ceramic Leaded Chip Carrier	
CQFP	Ceramic Quad-Flat Package	
DFP	Dual Flat Pack	Pins an beiden Längsseiten, Raster 0,65 mm
DIL	Dual In Line	Anschlüsse an zwei Seiten, meist im Raster 2,54 mm (= 100 mil), „Urform“ der IC-Gehäuse
DIMM	Dual-In-Line Memory Module	
DIP	Dual Inline Package	wie DIL
FBGA	Fine Pitch BGA	
FCPGA	Flip-Chip Pin Grid Array	
LCC	Leaded Chip Carrier	
LGA	Land Grid Array	Package mit Kontaktflächen an der Unterseite
LPCC	Leadless Plastic Chip Carrier	wie PLCC
LQFP	Low Profile Quad Flat Pack	wie QFP, aber dünnes Gehäuse
PBGA	Plastic BGA	
PCC	Plastic Chip Carrier	
PDIP	Plastic Dual In Line Package	wie DIP im Plastikgehäuse
PGA	Pin Grid Array	Package mit Pins an der Unterseite
PLCC	Plastic Leaded Chip Carrier	wie SOJ
PQFP	Plastic Quad-Flat Package	
QFN	Quad Flat Non-Leaded Package	wie QFP, die Pins ragen nicht seitlich über die Plastikummantelung hinaus, sondern sind nur von der Unterseite zugänglich, kleinerer Platzbedarf
QFP	Quad Flat Package	Pins an vier Seiten, Raster 1,27 bis 0,4 mm
SDIP	Shrink DIP	wie DIP mit kleineren Abmessungen, Raster 2,54 bis 1,27 mm
SIL	Single In Line	
SIP	Single Inline Package	eine Anschlussreihe, meist im Raster 2,54 mm
SO	Small Outline	
SOJ	SO J-Leaded Package	unter Gehäuse gebogene Pins, für Sockel geeignet
SON	SO Non-Leaded Package	
SOP	Small Outline Package	meist im Raster 1,27 mm
SSIP	Shrink SIP	
SSOP	Shrink SOP	Raster meist 0,65 mm, außerdem flacher als SOP
TSSOP	Thin SSOP	flacher als SSOP
TQFP	Thin QFP	wie QFP, dünnes Gehäuse
TSOP	Thin Small Outline Package	meist im Raster 0,635 bzw. 0,65 mm
VQFP	Very Thin Quad Flat Pack	wie QFP, sehr dünnes Gehäuse, Raster 0,8 bis 0,4 mm
VSO	Very Small Outline	

Tabelle 1: Abkürzungen der SMD-Gehäusetechnik

2.4 Leiterplatte

Der Aufbau einer Leiterplatte richtet sich danach, ob bedrahtete oder SMD-Bauteile verwendet werden.

2.4.1 Basismaterial

2.4.1.1 Arten des Basismaterials

Eine Leiterplatte (Abk.: LP, engl.: PCB = **P**rinted **C**ircuit **B**oard) besteht aus einem isolierenden *Basismaterial* (*Substrat*), auf dessen Oberflächen (meist Ober- *und* Unterseite) sich die Leiterbahnen aus Kupfer zur elektrischen Verbindung der elektronischen Bauelemente befinden. Ein Beispiel für ein Substratmaterial ist glasfaserverstärktes Epoxidharz. Eine Leiterplatte wird auch *Platine* genannt.

Aus der folgenden Tabelle gehen die Bezeichnungen der gängigsten Ausführungen von Basismaterialien und ihre Verwendung hervor.

Typ	Ausführung, Zusammensetzung	relative Kosten	Verwendung
FR2	Phenolharz + Papier (Hartpapier, Pertinax)	0,3	nicht durchkontaktierte LP
FR3	Epoxidharz + Papier	0,6	nicht durchkontaktierte LP
CEM1	Kern: Phenolharz, Hartpapier Außen: Epoxidharz, Glasgewebe	0,7	nicht durchkontaktierte LP
CEM3	Kern: Epoxidharz, Glasflies Außen: Epoxidharz, Glasgewebe	0,8	durchkontaktierte LP
FR4	Epoxidharz + Glasfasergewebe	1	durchkontaktierte LP, Multilayer
FR5	Epoxidharz + Glasfasergewebe	1,4	wie FR4, für höhere Temperaturen
PTFE	Polytetrafluorethylen mit Glas oder Keramik	32 - 78	Hochtemperatur

Tabelle 2: Basismaterialien von Leiterplatten

Für flexible Leiterplatten wird als Basismaterial *Teflonfolie* eingesetzt. Sie zeigt hohe Temperaturbeständigkeit, gutes Verhalten bei Wechselbiegebeanspruchung und hohe Isolationswiderstände. Eine ebenso hohe Temperaturbeständigkeit hat die *Polyimidfolie*, allerdings bei schlechteren dielektrischen Werten.

Zur Vertiefung

Epoxidharz ist ein Kunstharz und wird synthetisch hergestellt. Es besteht aus Polymeren (Polyether), die unter Zugabe geeigneter Härter einen duroplastischen (härtbaren) Kunststoff von hoher Festigkeit und chemischer Beständigkeit ergeben. Werden Epoxidharz und Härter gemischt, so erfolgt die Aushärtung des ursprünglich viskosen (zähflüssigen) Gemisches. FR4-Komponenten können sein: Epichlorhydrin mit Dicyandiamid als Härter, Tetrabrombisphenol A (TBBA) als Flammhemmer.

2.4.1.2 Fertigung des Basismaterials

Das Trägermaterial (Papier oder Glasgewebe) wird in einer Imprägnieranlage mit dem in Lösung befindlichen (noch nicht ausgehärteten) Harz getränkt, danach in Durchlauföfen vorgetrocknet und in Bögen geschnitten, die der Größe des Pressformates entsprechen. Diese Bögen werden auch *Prepreg* genannt (pre-impregnated = vorgetränkt). Durch Übereinanderlegen mehrerer Prepregs wird die gewünschte Dicke des Basismaterials erreicht.

2.4.1.3 Beispiele für Einsatzgebiete der Basismaterialien

- Phenolharzpapier (FR2) ist das kostengünstigste Basismaterial und wird vor allem in der Unterhaltungselektronik eingesetzt. Es kann relativ gut gestanzt und mechanisch bearbeitet werden.
- Epoxidharzpapier (FR3) hat bessere elektrische, thermische und mechanische Eigenschaften. Es ist kalt stanzbar und zeichnet sich durch eine hohe Flammwidrigkeit aus.
- Epoxidglashartgewebe (FR4) besitzt gegenüber Hartpapier noch günstigere mechanische Eigenschaften, die Kriechstromfestigkeit und Hochfrequenzeigenschaften sind besser, die Wasseraufnahme ist geringer. Es wird für Schaltungen eingesetzt, in denen hohe Frequenzen und steile Signalflanken vorkommen, z. B. in der Computertechnik.

Die technischen Eigenschaften, wie Biegefestigkeit oder thermische Ausdehnung, werden von FR2 zu FR4 besser, damit steigt aber auch der Preis der Leiterplatte.

Abb. 37: FR4-Substrat (links) und Hartpapier-Substrat (rechts)

2.4.1.4 Aufbringen des Kupfers

Der zusammengelegte Prepregstapel wird mit einer hochreinen Kupferfolie (ein- oder beidseitig) zwischen polierte Edelstahlbleche gelegt und in heiz- und kühlbaren Etagenpressen verpresst. Die Kupferfolie wird als *Kaschierung* bezeichnet. Beim Pressen unter Druck und Hitze erfolgt eine chemische Reaktion des Kunstharzes. Nach einer bestimmten Zeit entsteht ein Duroplast. Nach dem Erkalten wird die Tafel noch auf ein Standardformat geteilt. Die Dicke der auflaminierten Kupferschicht beträgt 18, 35, 70 oder 105 µm. Bei Verwendung der *Dickkupfertechnik* kann die Stärke der Kupferschicht bis zu 500 µm betragen.

2.4.2 Vom Schaltplan zum Layout

2.4.2.1 Schaltplan

Der Schaltplan einer elektronischen Schaltung legt fest, wie die einzelnen Bauteile der Schaltung elektrisch leitend miteinander verbunden werden.

Schaltpläne werden heute kaum noch mit einem Zeichenstift auf Papier, sondern am PC erstellt. Hierzu werden spezielle CAD-Programme (CAD = **C**omputer **A**ided **D**esign = computerunterstütztes Konstruieren) verwendet.

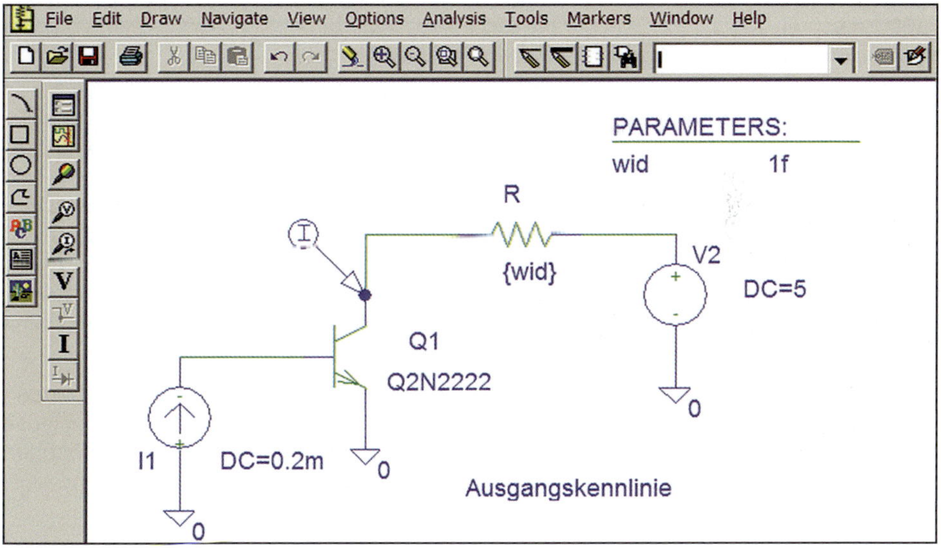

Abb. 38: Ein kleiner, mit einem PC-Programm erstellter Schaltplan

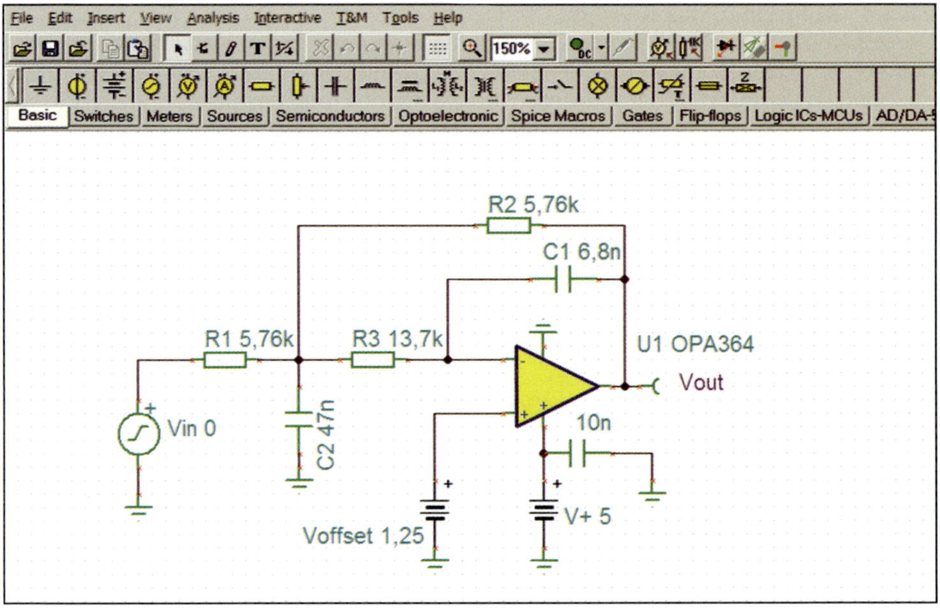

Abb. 39: Ein weiteres Beispiel eines am PC erstellten Schaltplans

PC-Programme, mit denen elektronische Schaltungen am PC erstellt werden können, verfügen über Bibliotheken mit zahlreichen Bauteilen. In einem Schaltplaneditor stehen alle passiven und aktiven Bauelemente, Schalter, Quarze, analoge und digitale integrierte Schaltungen, Spannungs- und Stromquellen usw. als Schaltzeichen zur Verfügung. Das jeweilige Schaltzeichen wird in einer Bibliothek ausgewählt, z. B. mit der Maus in einen Fensterbereich des Programms gezogen und dort abgesetzt. Anschließend kann das Schaltzeichen in vielfältiger Weise bearbeitet, z. B. verschoben, gedreht, gespiegelt werden. Bauteilwert und Bauteilname können für jedes einzelne Bauteil festgelegt werden.

Die Bauteile können untereinander »verdrahtet«, also elektrisch leitend verbunden werden. Die Verbindungsleitungen werden als Strich mit der Maus von Anschluss zu Anschluss gezogen. Auch das Einfügen von Beschriftungen oder geometrischen Zeichnungselementen ist möglich. Schaltpläne können natürlich gespeichert und ausgedruckt werden.

2.4.2.2 Simulation

Ehe ein entwickelter Schaltplan in eine Leiterplatte umgesetzt wird, um eine Baugruppe oder ein Gerät aufzubauen, wird die Schaltung häufig am PC simuliert. Dazu wird das PC-Programm verwendet, mit dem der Schaltplan erstellt wurde. Die Simulation ist sogar meist der vorrangige Zweck des Programms, die Schaltplanerstellung dient als Grundlage der Simulation. Ebenso wie Bauteile sind auch zahlreiche Signalquellen und Messgeräte in Bibliotheken enthalten. Ein Funktionsgenerator kann z. B. den Eingang einer Schaltung speisen, mit einem Oszilloskop wird das Ausgangssignal der Schaltung betrachtet. Genauso wie die Bauteile sind dies alles natürlich nur virtuelle Instrumente.

Durch die Simulation der Schaltung kann ein Schaltungsentwurf optimiert werden. Werte und Parameter von Bauteilen können schnell verändert werden, sich ergebende Einflüsse auf die Wirkung der Schaltung lassen sich mit Hilfe von grafischen Darstellungen sofort betrachten. Auch das Schaltungsdesign (die Topologie) kann leicht verändert werden. Die Funktion einer entworfenen Schaltung kann so durch wiederholte Simulationen getestet und die Qualität abgesichert werden, indem z. B. auch Toleranzen der Bauteilwerte und unterschiedliche Umgebungstemperaturen Berücksichtigung finden.

Diese Thematik soll hier nicht weiter verfolgt werden, da die Simulation zur *Entwicklung* einer Schaltung gehört, nicht zur *Fertigung* einer vollständig entwickelten Schaltung. Deshalb wird jetzt gezeigt, wie eine Schaltung in eine Leiterplatte umgesetzt wird, welche mit bestückten Bauteilen die hardwaremäßige Realisierung einer Baugruppe oder eines Gerätes darstellt.

2.4.2.3 Layout

Beim »Layouten« einer LP wird die Verdrahtungsvorschrift des Schaltplans in eine Struktur von Leiterbahnen auf Ober- und Unterseite der LP »übersetzt«. Im Layout wird auch bestimmt, wie die einzelnen Anschlüsse der Bauelemente mit den zugehörigen Anschlusspunkten auf der LP verlötet werden. Zum Beispiel werden für die beiden Drahtenden eines bedrahteten Widerstandes zwei Bohrungen in einem Abstand vorgesehen, der zum Widerstandskörper passt. Jede Bohrung wird auf Ober- und Unterseite der LP von einer kleinen ringförmigen Kupferfläche umgeben, die *Pad* genannt wird. Die Pads auf Ober- und Unterseite einer Bohrung sind elektrisch leitend verbunden. Von einem Pad können jeweils Leiterbahnen zu anderen Bauteilanschlüssen führen.

Auch für das Layouten einer LP gibt es spezielle CAD-Programme, die auf PCs eingesetzt werden können. Häufig ist die Funktionalität der Layout-Erstellung in einem Simulationsprogramm als Modul enthalten. Solche Softwarepakete kosten je nach Leistungsfähigkeit wenige hundert bis einige (zehn)tausend Euro.

Die Platzierung von Bauelementen mit Hilfe eines CAD-Systems kann je nach Automatisierungsgrad in drei Kategorien eingeteilt werden: manuell/interaktiv, rechnerunterstützt, automatisch. Die Leiterbahnverlegung (das *Routen* oder *Entflechten*) kann entweder manuell/interaktiv oder automatisch erfolgen. Die Ausführung der Verbindungsleitungen hat entscheidenden Einfluss auf die Signalintegrität (Anfälligkeit gegenüber Störungen) und die EMV-Eigenschaften (Empfindlichkeit gegenüber eingestrahlten und Stärke abgestrahlter elektromagnetischer Störungen) der Schaltung.

Ein wichtiger Schritt des CAD-Layoutvorgangs ist die Prüfung vorher definierter Regeln (design rule check). So werden beim Platzieren Überlappungen von Bauelementen oder Überschreitungen von Sperrflächen vermieden. Bei den Leiterbahnführungen müssen die Einhaltung der vorgegebenen Leiterbahnabstände, Abmessungen der Lötaugen usw. geprüft werden. Ist der Layoutentwurf fehlerfrei abgeschlossen, so werden die Produktionsdaten erzeugt, beispielsweise Daten für den Fotoplotter, Stücklisten, Fertigungs- und Dokumentationsunterlagen.

Die folgenden Abbildungen zeigen Bildschirmausschnitte verschiedener Layouts. Sind Leiterbahnen breit ausgeführt, so dienen sie zur Stromversorgung. Dünne Leiterbahnen führen Signale. Zu erkennen sind auf Ober- und Unterseite der Leiterplatte gegenüberliegende, elektrisch leitend verbundene Pads (so genannte *Durchkontaktierungen*, siehe auch Abschnitt 2.4.2.4) für bedrahtete ICs, deren Pin 1 häufig mit einem rechteckigen Pad gekennzeichnet ist. Am Bildschirm werden die Leiterbahnen auf Vorder- und Rückseite der LP in unterschiedlicher Farbe dargestellt, um sie leicht unterscheiden zu können. Auch die Pads und die Umrisse der Gehäuse von Bauelementen haben eigene Farben.

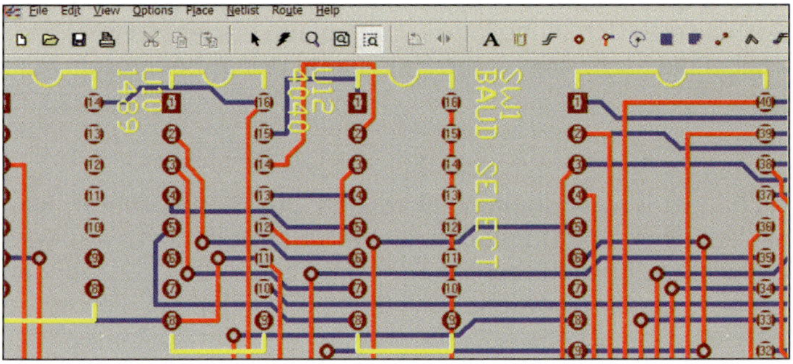

Abb. 40: Bildschirmausschnitt eines Programms zum Layouten von Leiterplatten

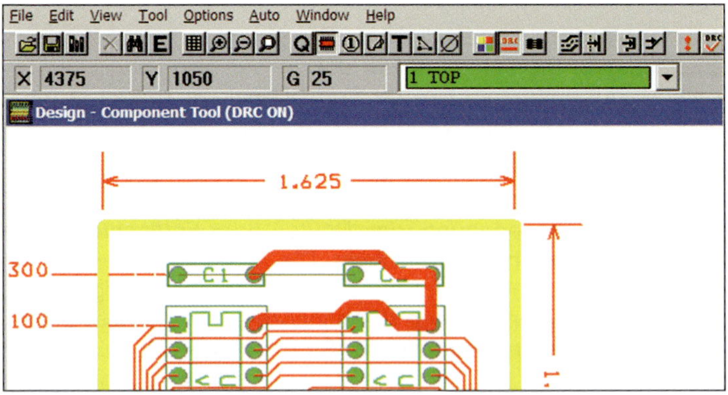

Abb. 41: Ein weiterer Bildschirmausschnitt eines Layout-Programms

Beim Erstellen eines Layouts sind üblicherweise *Layoutregeln* zu beachten, die häufig firmenintern aufgestellt und weiterentwickelt werden. Festgelegt werden z. B.:

- Form und Anordnung der *Bestückungsmarken* (*Referenzmarken, Fiducials*) für die SMD-Bestückung. Bestückungsmarken sind optische Richtmarken in Form z. B. einer Raute oder eines Kreuzes, die ein Schablonendrucker oder ein SMD-Bestückungsautomat zur Positionierung der Bauteile benötigt.
- Größe und Lage von Aufnahmebohrungen für die automatische Bestückung und den Incircuit-Test (Fanglöcher zur Fixierung der Leiterplatte).
- Sperrflächen, in denen keine Bauteile platziert werden dürfen.
- Anforderungen an das Anbringen von Etiketten oder Beschriftungen auf der Leiterplatte.
- Größe der SMD-Landeflächen (Bauteilanschlüsse, Pads), je nach Bauform und Größe des SMD-Bauteils und Art der Lötung (Reflow, Schwall).
- Bohrdurchmesser für bedrahtete Bauelemente in Abhängigkeit des Drahtdurchmessers und der Art der Bestückung (Handbestückung, maschinelle Bestückung).
- Größe und Anordnung von Prüfpads für den Incircuit-Test.
- Bohrdurchmesser und Restringmaße von Durchkontaktierungen.
- Leiterbahnbreite und Leiterbahnabstand je nach Ätztechnik, jeweils
  - 0,3 mm bei normaler Ätztechnik
  - 0,2 mm bei Feinätztechnik
  - 0,1 mm bei Feinstleitertechnik.

Eine *Multilayer-Leiterplatte* hat mehrere übereinanderliegende, voneinander isolierte Schichten von Leiterbahnen. Die Innenlagen dienen häufig zur Verteilung der Spannungsversorgung und können durch entsprechende Durchkontaktierungen mit den Außenlagen verbunden sein.

2.4.2.4 Leiterplattenherstellung

Im folgenden Abschnitt werden die wichtigsten Schritte bei der Herstellung einer Leiterplatte beschrieben.

Im Laufe der Zeit sind eine Vielzahl von Verfahren zur Leiterplattenherstellung entwickelt worden. Die Mehrzahl von ihnen basiert auf einer Abfolge chemischer und elektrochemischer Prozesse, in denen das spätere Bild der Leiterbahnführungen entsteht. Bei subtraktiven Verfahren erfolgt ein Abtrag der bereits auf dem Trägermaterial befindlichen geschlossenen Leitschicht in »überflüssigen« Bereichen, so dass am Ende nur das Leiterzugbild übrig bleibt. Additive Verfahren dagegen bauen es erst durch gezielte Materialanlagerung in den gewünschten Gebieten auf. Die dritte Gruppe umfasst verschiedene »Kombinationen« additiv und subtraktiv wirkender Prozesse. Im Folgenden wird nur die weit verbreitete Subtraktivtechnik behandelt.

Die rohe LP besteht aus einer Substratplatte mit einer sehr dünnen Schicht Kupfer auf Ober- und Unterseite. Beim Herstellungsprozess der gelayouteten LP ist der erste Schritt das Bohren des auf die Leiterplattengröße zugeschnittenen Basismaterials. Dann wird das überflüssige Kupfer, welches nicht zu Leiterbahnen gehört, durch elektrochemische Vorgänge entfernt, es wird »weggeätzt«. Bei der fertigen LP bleiben nur feine, der Kupferdicke entsprechend z.B. 0,035 mm hohe Leiterbahnen aus Kupfer auf den Oberflächen der LP übrig. Die Breite der Leiterbahnen wird beim Layouten der LP festgelegt. Je mehr Strom über eine Leiterbahn fließt, desto breiter muss die Leiterbahn ausgelegt werden. Die Innenwand jeder Bohrung für einen bedrahteten Bauteilanschluss wird beim Herstellungsprozess der LP auf chemischem Wege mit einem dünnen Zylinder aus Kupfer versehen, durch den die kleinen Kupferflächen auf Ober- und Unterseite (die Pads) elektrisch leitend verbunden werden. Man spricht von einer »*Durchkontaktierung*«. Bei der Herstellung einer Baugruppe werden die Drähte der Bauteilanschlüsse in diese Durchkontaktierungen gesteckt und dort verlötet.

Abb. 42: Schnitt durch eine Lötstelle in Durchstecktechnik (THT)

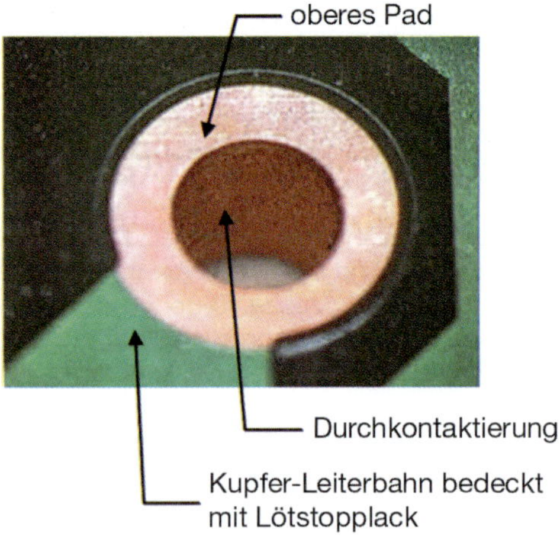

Abb. 43: Eine Durchkontaktierung schematisch im Schnitt (links), Blick auf eine unverzinnte Durchkontaktierung einer Leiterplatte (rechts)

Durchkontaktierungen werden auch dazu verwendet, um eine Leiterbahnführung auf der einen Seite der LP zu beenden, weil eine andere Leiterbahn im Weg ist, und die Leiterbahnführung auf der anderen Seite der LP fortzusetzen. Diese Durchkontaktierungen zur Vermeidung von Leiterbahnüberkreuzungen heißen »*Umsteiger*« oder »*Vias*«. Ihre Bohrungsdurchmesser und Pads sind kleiner als diejenigen der Durchkontaktierungen für Bauteilanschlüsse.

Die gesamte LP wird bei ihrem Herstellungsprozess bis auf die Flächen der Pads für die Bauteile und andere Lötflächen durch (meist grünen) *Lötstopplack* abgedeckt, so dass Zinn nur an den Pads haften bleibt, und nicht auf anderen Kupferflächen bzw. Leiterbahnen. Zwischen diesen könnte das Zinn beim Lötvorgang ungewollte Lötbrücken und damit Kurzschlüsse herstellen.

Kupfer oxidiert sehr leicht und weist dann eine verminderte Lötfähigkeit auf. Lötflächen werden deshalb mit einer sehr dünnen Schicht Zinn beim Herstellungsprozess der LP vorverzinnt. Dieser Schutz vorgesehener Lötflächen gegen Oxidation kann z. B. durch Heißverzinnen (*Hot Air Leveling*, HAL), durch chemische Abscheidung metallischer Schichten oder durch Auftragen von Lösungen auf organischer Basis (so genannte *Prefluxe*) erfolgen. Für die Ausführung der *Endoberfläche* von Leiterplatten (*Leiterplattenbeschichtung*, *Finishoberfläche*) gibt es unterschiedliche Verfahren, die im Abschnitt 2.6.7 näher behandelt werden.

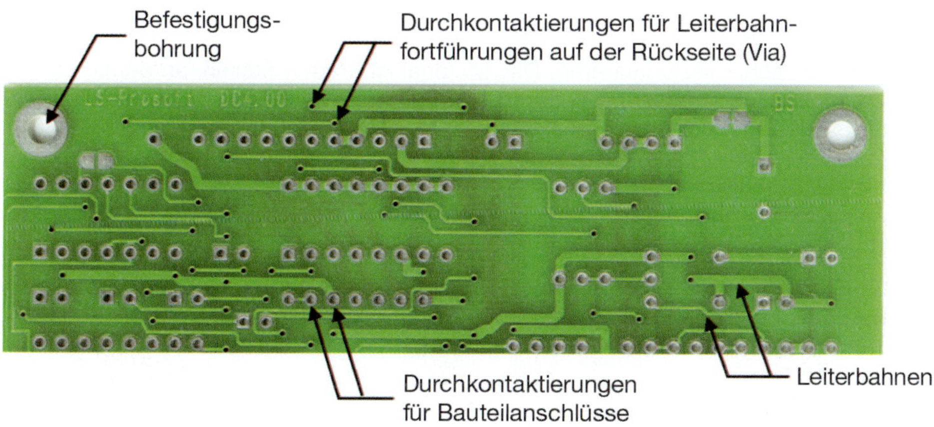

Abb. 44: Ausschnitt einer Leiterplatte für bedrahtete Bauteile

Werden SMDs (Kurzform für SMD-Bauteile) verwendet, so sieht die LP anders aus. Im Gegensatz zu konventionellen Bauteilen fehlen bei SMDs die Anschlussdrähte zur rückseitigen Verlötung. Der elektrische Kontakt mit SMDs wird über metallische Stummelfüßchen oder metallische Kappen hergestellt, mit denen die sehr kleinen Bauteile plan auf der Oberfläche der Leiterplatte aufliegen. Werden die SMD-Anschlüsse auf die LP projiziert, so ergeben sich kleine Rechtecke. In etwas größerer Form sind dies die Anschlussflächen, auf denen die SMDs verlötet werden. Diese rechteckigen Pads werden durch den Begriff »SMD-Landeflächen« recht gut charakterisiert, da bei der automatischen Bestückung die Bauteile (sozusagen aus dem Anflug) mit ihren Anschlüssen auf diesen Flächen abgesetzt werden.

Werden sowohl bedrahtete als auch SMD-Bauteile verwendet, so enthält eine LP nicht nur Durchkontaktierungen für die Anschlussdrähte, sondern auch SMD-Landeflächen.

Abb. 45: Ausschnitt einer Leiterplatte für SMD-Bauteile, ein IC (QFP-Gehäuse) mit Landeflächen auf vier Seiten für die Bauteilanschlüsse

2.4.2.5 Begriffe der Leiterplattentechnik

Nun werden noch einige wichtige Begriffe aus der Leiterplattentechnik erläutert.

Antipad: Gegenüberliegendes Lötauge.

Ätzen: Chemischer Materialabtrag. Das Material ist an den Stellen, an denen es verbleiben (nicht geätzt werden) soll, durch ein gegenüber dem Ätzmittel resistentes Material (*Resist*) abgedeckt bzw. maskiert. Beispiele sind das Kupferätzen im Subtraktivprozess der Leiterplattenherstellung, bei dem das verbleibende Kupfer (Leiterzüge) durch einen organischen Lack oder eine andere Metallschicht (z. B. Metallresist SnPb, Ni, Au) geschützt und das freiliegende Kupfer durch ein oxidatives Ätzmittel herausgelöst wird.

Bestückungsdruck: Ein Kennzeichnungsaufdruck, um beim Bestücken oder bei einer Reparatur die Lage der Bauelemente eindeutig zu bestimmen. Der Bestückungsdruck aus thermisch oder UV-härtbaren Farben wird mittels Siebdruck auf den Lötstopplack aufgebracht.

Desoxidation: Chemische Reinigung von Kupferoberflächen. Störende Oberflächenfilme wie oxidische oder sulfidische Anlaufschichten, aber auch Handschweiß oder -fett werden entfernt. Die Kupferoberfläche selbst wird nur geringfügig angegriffen.

Doppelseitige Leiterplatte: Je Leiterplattenseite eine Kupferschicht.

Eutektikum (eutektisches Gemisch): Ein kristallines Gemisch aus zwei oder mehreren Kristallarten, das aus einer erstarrten, einheitlichen Schmelze entstanden ist. Beim Abkühlen erstarrt das Stoffgemenge im eutektischen Punkt bei der niedrigst möglichen, eutektischen Temperatur nur dann homogen, wenn die einzelnen Stoffe in einem ganz bestimmten Mengenverhältnis zueinander vorliegen. Das Eutektikum ist dem Zustandsdiagramm (Schmelzdiagramm) zu entnehmen.

Fine Pitch: Fein oder sehr fein strukturierte Anschlüsse der Bauteile (Abstände $\leq$ 0,8 mm).

Fluxmittel (Flussmittel): Flüssige oder gelöste Substanzen, die in der Lage sind, die Oberfläche vor Lötprozessen zu aktivieren. Fluxe bilden während des Lötvorganges eine inerte, reoxidationshemmende Atmosphäre. Das Flussmittel bewirkt die Erniedrigung der Oberflächenspannung zwischen Lot und Metalloberfläche, welche für die Benetzung durch das Lot notwendig ist.

Klebe-Technologie: Fixieren der SMD-Bauelemente auf der Leiterplatte vor dem Wellenlöten. Der Auftrag der Klebepunkte erfolgt durch Dispensoren oder im Sieb- oder Schablonendruck.

Lötrahmen: Hilfsrahmen zur Aufnahme der Leiterplatte beim Schwall-Löten.

Lötstopplack, Lötstoppmaske: Auf die Leiterplatte aufgetragene Maske, die meist aus polymeren Stoffen besteht (Stoffe aus Riesenmolekülen). Eine strukturierte Lackschicht, die nur die Lötflächen (Pads) bzw. Bauelementanschlüsse frei lässt. Dadurch werden nur diese beim Lötprozess belotet. Bei fein strukturierten Leiterplatten werden Kurzschlüsse somit vermieden. In der SMD-Technik dient der Lötstopplack auch zur Isolation der leitenden Bauelementoberflächen gegenüber den Leiterzügen.

Multilayer: Leiterplatte mit Leiterbahnen auch im Inneren des Basismaterials. Multilayer werden durch sandwichartiges Verpressen verschiedener dünner Leiterplatten (Innenlagen, Kerne) mit harzgetränkten vorgefertigten Glasgewebematten (Prepregs) und Kupferfolien als Deckfolie hergestellt. Die durch Bohren freigelegten Anschlüsse der Innenlagen werden bei der Durchkontaktierung metallisch leitend miteinander und mit den Außenlagen verbunden.

Nutzen (Mehrfachnutzen): Um die Handhabung zu vereinfachen und eine höhere Produktivität zu erreichen, werden kleinere Leiterplatten zu mehreren Stück im Verbund als eine große Leiterplatte hergestellt. Die Trennung der kleinen Einzelleiterplatten erfolgt erst nach der Bestückung durch Brechen, Ritzen oder Fräsen nicht vollständig durchgefräster Leiterplattenkonturen oder Haltestege.

Pitch: Sprung, Raster für Pads, Abstand der Bauelementeanschlüsse.

Positionsdruck (Bestückungsdruck): Druck zur Kennzeichnung der Position der Bauelemente auf einer Leiterplatte zur Unterstützung von Montage und Service.

Rakel: Eine Art Spachtel. In einer Halterung befestigter Materialstreifen aus Gummi, dient beim Siebdruck zum Ziehen der Farbe über die Schablone. Wesentlich für das Ergebnis des Siebdruckes sind Härte, Anschliff, Andruck und Schräglage des Rakel.

Reflowlöten (Aufschmelzlöten): Das Verlöten von SMD-Bauelementen erfolgt durch das Aufschmelzen (z. B. mittels Infrarotstrahlung) von Lotdepots, die sich auf den Lötpads der Leiterplatte unter den Bauelementanschlüssen befinden. Die Lotdepots aus Lotpaste werden z. B. mittels Schablonendruck aufgebracht.

Rheologie: Fließkunde, Erfassung der Fließ- und Reibungseigenschaften von Flüssigkeiten oder Pasten (z. B. beim Siebdruck), bei denen der Koeffizient der inneren Reibung (*Viskosität*) von den bestehenden Bedingungen (Druck, Temperatur) abhängig ist.

SMT: Surface Mounting Technology, Montage miniaturisierter Bauelemente auf die Oberflächen von Leiterplatten, gleichbedeutend mit SMD-Bestückung.

Thixotropie: Beschreibt die Eigenschaften eines Stoffes bei veränderten Bedingungen (z. B. bei einer Druckänderung beim Siebdruck).

THT: Through Hole Technology, Durchstecktechnik bedrahteter Bauelemente.

via holes: Durchsteiger, Umsteiger, Durchkontaktierungen, elektrische Verbindungen zwischen zwei Leiterebenen, die nicht zum Bestücken der Bauelemente genutzt werden.

Wellenlötanlage (Schwalllötanlage): Durchlaufanlage zum automatischen Löten von Leiterplattenbaugruppen, bestehend aus dem Transportsystem (z. B. Kettensystem mit Lötrahmen), Fluxstation mit Schaum- oder Sprühfluxer, einer Vorheizzone, der Lötzone mit Einfach- oder Doppelwelle, evtl. einer Schutzgaseinrichtung und Abkühlzone. Moderne Anlagen sind regelbar und teilweise programmgesteuert. Die Lotwelle wird von einer Pumpen-Düsenkombination erzeugt. Bei der THT werden nur die durchgesteckten Anschlüsse in das Lot getaucht, bei der SMT werden die aufgeklebten Bauelemente vollständig eingetaucht.

Die wesentlichen Arbeitsschritte zur Herstellung einer mit SMD- *und* bedrahteten Bauteilen bestückten Leiterplatte sind:

- Lotpastendruck
- SMD-Reflow-Bestückung
- Reflowlötung
- Automatische Bestückung bedrahteter Bauteile
- SMD-Schwall-Bestückung
- Handbestückung bedrahteter Bauteile
- Schwalllötung.

In den nächsten Abschnitten werden diese Arbeitsschritte detaillierter betrachtet.

2.5 Lötprozess

2.5.1 Schwall-Löten

Bei bedrahteten Bauteilen werden die (evtl. umgebogenen) Drahtenden in Kontaktierungslöcher der Leiterplatte gesteckt und dort verlötet. Der Draht des Bauteilanschlusses befindet sich in einer zylinderförmigen, verzinnten Durchkontaktierung der LP und schaut auf der Unterseite der LP ein kleines Stück heraus. Auf der Ober- und Unterseite ist die Durchkontaktierung jeweils mit einer kleinen, verzinnten Fläche (einem

Pad) verbunden, von der aus die Leiterbahnen eine elektrische Verbindung zu anderen Bauteilen herstellen.

Beim Produktionsprozess »*Schwall-Löten*« (*Wellenlöten*) wird die bestückte LP mittels eines Transportsystems mit gleichmäßiger Geschwindigkeit durch die Lötmaschine transportiert. Dabei ist die LP in einen Hilfsrahmen (*Lötrahmen*) eingespannt. Zu Beginn der Lötanlage durchläuft die LP den Fluxer. Der *Fluxer*, ein Flussmittel wie z. B. *Kolophonium* (Kiefernharz), beseitigt Oxidschichten auf den zu verlötenden Metalloberflächen und verhindert während des Lötens die Bildung einer neuen Oxidschicht. Die Fluxstation kann als *Sprühfluxer* oder als *Schaumfluxer* ausgeführt sein. Die darauf folgende *Vorheizzone* verdampft das im Fluxer enthaltene Lösungsmittel, der Fluxer wird aktiviert. Das flüssige Lötzinn wird kontinuierlich so umgepumpt, dass es über eine Kante läuft und sich ein Lötschwall ergibt. Die LP wird mit ihrer Unterseite über diese Welle aus flüssigem Zinn geführt. Dadurch werden die Bauteildrähte mit den Pads auf der Unterseite der LP verlötet. Durch die Kapillarwirkung steigt flüssiges Zinn in den schmalen Zwischenräumen von Bauteilanschlussdrähten und den Wänden der Durchkontaktierungen hoch. So werden die Drahtstücke auch innerhalb der Durchkontaktierungen verlötet (siehe Abb. 42).

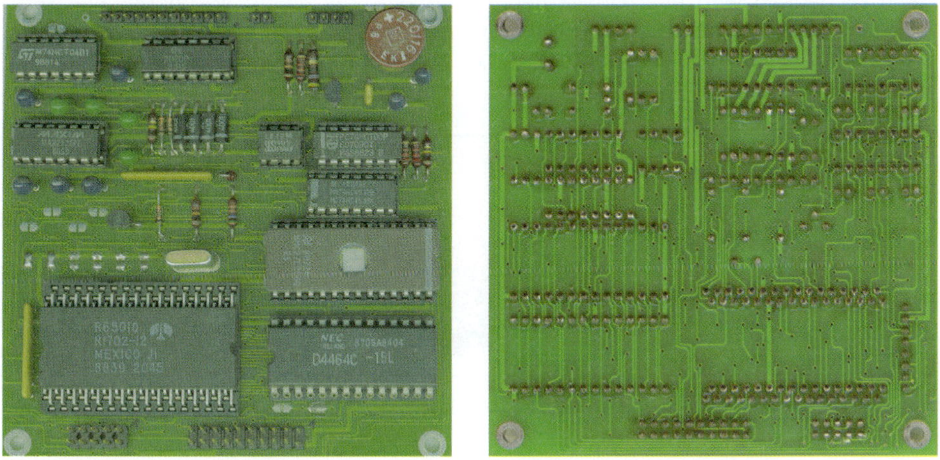

Abb. 46: Oberseite bzw. Bestückungsseite einer Leiterplatte mit bedrahteten Bauteilen (links) und Unterseite bzw. Lötseite (rechts)

2.5.2 Reflowlöten

Moderne Elektronik-Baugruppen werden soweit als möglich mit SMD-Bauteilen realisiert, da diese kleiner sind als bedrahtete Bauteile und somit eine stärkere Miniaturisierung ermöglichen. Es ist kein Zurichten der Bauteile (z. B. Umbiegen der Drahtenden) und keine Handbestückung nötig, und die Geschwindigkeit der Fertigungsautomaten zur automatischen Bauteilbestückung ist sehr hoch.

Durch die SMD-Technik erreicht man:

- Rationalisierung
- Miniaturisierung
- hohe Zuverlässigkeit
- hohe Packungsdichte auf kleinerer Fläche
- Materialeinsparung
- geringeres Gewicht
- Kostensenkung (keine Bohrlöcher, bis zu 10% Ersparnis)
- besseres Stoß- und Vibrationsverhalten.

SMD-Bauteile werden auf Kontaktierungsflächen (»Pads«) auf der Oberfläche der Leiterplatte verlötet. Vor Beginn der Bestückung wird auf die Kontaktierungsflächen der Leiterplatte eine Schicht einer Lotpaste (Zinnpaste) entweder mittels *Dispenser*[2], im Siebdruckverfahren oder mittels Schablonendruck aufgetragen. Die Lotpaste besteht bei bleihaltigem Lötzinn aus mikroskopisch kleinen Blei-Zinn-Kugeln, Fluss- und Bindemitteln und ist ein zähcremiges Gebinde.

Beim Dispensen wird eine Dosiermenge Lotpaste aus einem Vorratsbehälter (Kartusche o.ä.) durch eine Kanüle (Hohlnadel) gepresst und nacheinander auf die Pads aufgetragen. Das Dispensen findet z.B. bei der Prototypen- oder Einzelfertigung Anwendung.

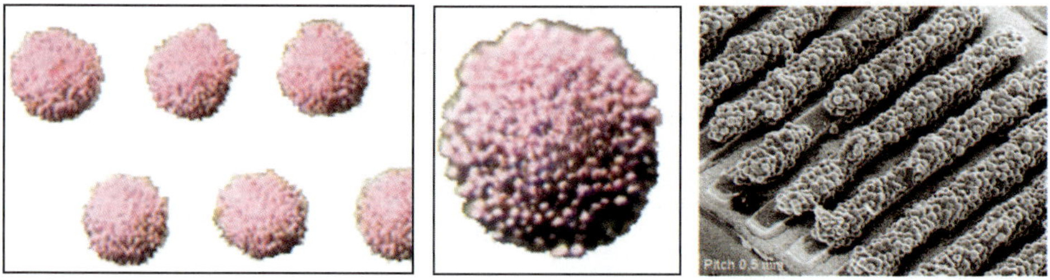

Abb. 47: Lotkügelchen durch Dispensen (links und Mitte), gedruckte Lotdepots (rechts)

Beim Siebdruck wird die Lotpaste mit einem Rakel durch ein Stahlsieb hindurchgedrückt. Dieses ist mit einer Beschichtung versehen, bei der schablonenartig die zu bedruckenden Stellen ausgespart sind, so dass die Lotpaste nur an diesen Stellen durch das Sieb gelangen kann. Die zu bedruckende Leiterplatte liegt in einem definierten Abstand von 0,5–1 mm (*Absprung*) unter dem Sieb. Wird das Rakel über das Sieb gezogen, so wird die Lotpaste durch das Sieb gedrückt und bildet auf den Kontaktierungsflächen der Leiterplatte kleine Zinn-Depots.

2 Dispenser = »Austeiler«

Der Schablonendruck hat die gleiche Funktionsweise wie der Siebdruck, nur wird hier eine dünne Metallschablone, in der die zu bedruckenden Stellen ausgespart sind, statt des Siebes verwendet. Die Menge der aufgetragenen Lotpaste ist dabei von der Dicke der Schablone abhängig.

Die SMDs werden nach dem Auftragen der Lotpaste mit ihren Anschlüssen auf die Zinn-Depots gesetzt (bestückt). Die mit Bauteilen bestückte LP durchläuft dann auf einem Transportband mit konstanter Geschwindigkeit verschiedene Heizzonen eines speziellen Lötofens und wird z. B. einer Infrarotstrahlung ausgesetzt, welche die Zinnpaste zum Schmelzen bringt. Somit werden die Bauteile verlötet. Dies ist der Produktionsprozess »Reflowlöten« (*Schmelzlöten*).

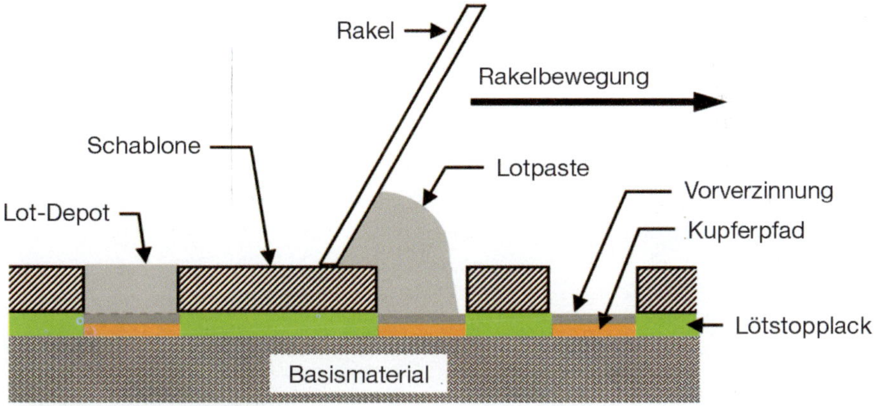

Abb. 48: Schematische Darstellung des Auftragens der Lotpaste auf die Leiterplatte mit Hilfe einer Schablone

Abb. 49: Bestücktes SMD-Bauteil, nach dem Auftragen der Lotpaste wurde das Bauteil mit seinen Anschlüssen auf die Lot-Depots gesetzt

Abb. 50: Beispiel für eine Oberseite bzw. Bestückungsseite einer Leiterplatte mit bedrahteten Bauteilen
Bildquelle: Temic Sitzsteuergerät, mit Genehmigung der Continental AG

Abb. 51: Ausschnitt einer Leiterplatte mit aufgelöteten SMD-Bauteilen und mit bedrahteten Bauteilen (Mischbestückung)
Bildquelle: Temic Sitzsteuergerät, mit Genehmigung der Continental AG

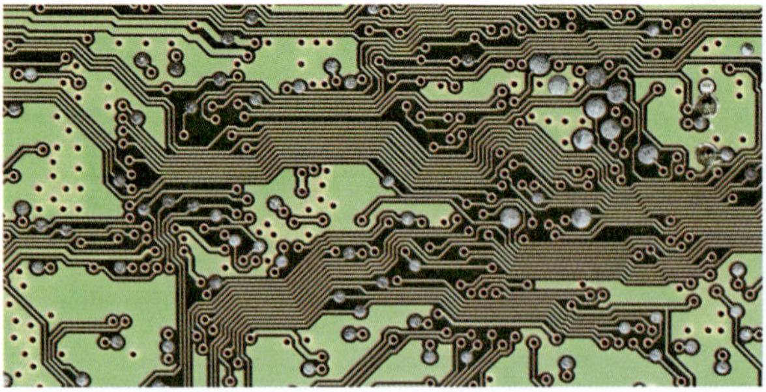

Abb. 52: Ausschnitt der Unterseite einer SMD-bestückten Leiterplatte

2.6 Fertigung von Baugruppen

In diesem Abschnitt wird etwas vertieft auf die einzelnen Verfahren und Fertigungsschritte bei der Produktion von (hauptsächlich) SMD-Baugruppen eingegangen.

2.6.1 Mechanische Beanspruchung von bedrahteten Einzelhalbleitern

Die Einbaulage dieser Bauelemente ist beliebig. Bei Bauelementen mit Glasdurchführung oder in Kunststoffgehäusen ist ein Biegen und Löten der Anschlussdrähte direkt am Gehäuse nicht zulässig. Werden keine Abstände (≥ 2,5 mm) eingehalten, so können die auftretenden Materialspannungen zu Rissen im Gehäuse führen. Diese werden evtl. erst nach einiger Zeit wirksam und können einen Ausfall des Bauelementes zur Folge haben.

Für evtl. notwendige mechanische Beanspruchungen beim Biegen der Anschlussdrähte sollten folgende Punkte berücksichtigt werden:

- Beim Biegen oder beim Kürzen der Anschlüsse muss zur Vermeidung mechanischer Spannungen eine mechanische Entlastung des Anschlussteils zwischen Biegestelle und Gehäuse vorgenommen werden. Es empfiehlt sich die Benutzung einer Biegevorrichtung. Die Zugfestigkeit der Anschlüsse in axialer Richtung ist meist auf ca. 20 N (ca. 2 kg) beschränkt.
- Der Biegeradius darf nicht kleiner als 0,5 mm sein. Der maximale Biegewinkel ist 90°.
- Bandförmige Anschlüsse nicht in der Bandebene (in lateraler Richtung) biegen (keine Spreizung der Anschlüsse vornehmen).
- Wiederholtes Biegen vermeiden, die Biegefestigkeit ist meist auf einige Biegungen beschränkt.

2.6.2 Fertigungsschritte der SMD-Verarbeitung

Moderne elektronische Baugruppen besitzen häufig den in Abb. 53c dargestellten Aufbau. Zusätzlich zu bedrahteten Bauelementen sind auf beiden Seiten der Leiterplatte SMD-Bauelemente bestückt. Die Festlegung, was als Oberseite und was als Unterseite der Leiterplatte bezeichnet wird, richtet sich unter anderem nach fertigungstechnischen Gesichtspunkten. Als *Oberseite* wird diejenige Seite bezeichnet, auf der die SMDs nach der *Reflow*-Lötmethode verlötet werden. Die SMDs auf der *Unterseite* werden gleichzeitig mit den bedrahteten Bauelementen mit dem *Wellen*-Lötverfahren mit der Leiterplatte verlötet. Auf die untere, die Seite der Wellenlötung, können nur Bauelemente platziert werden, die für eine Schwalllötung geeignet sind. Dies können sowohl wellenlötbare SMD-Einzelhalbleiter als auch SMD-ICs sein.

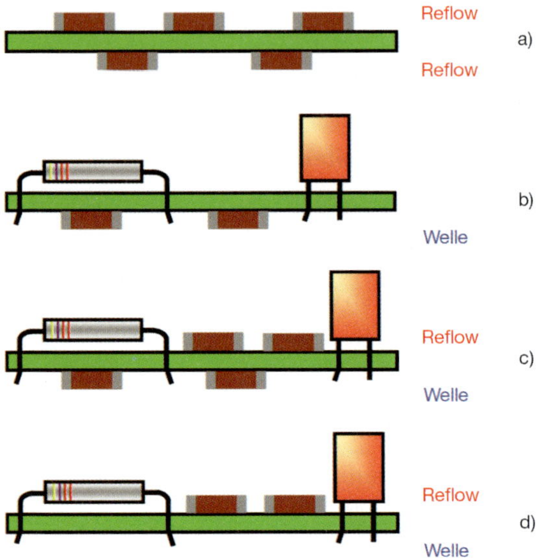

Abb. 53: Aufbauvarianten von SMD-Baugruppen

Befinden sich keine bedrahteten Bauelemente auf der Baugruppe, dann werden bei beidseitiger Bestückung beide Seiten der Leiterplatte reflowgelötet. Es ist dann egal, welche Seite für die Platzierung der ICs gewählt wird.

Um Verarbeitungsschritte und damit Fertigungskosten zu sparen, wird man anstreben, SMDs nur auf der Oberseite zu bestücken. Nur wenn der Platz für die SMDs auf der Oberseite nicht ausreicht, wird die Wellenlötseite für die dann restlichen, vorzugsweise passiven Bauelemente (Widerstände, Kondensatoren) verwendet.

Die Verarbeitung der Reflowlötseite erfolgt in drei Schritten:

- Auftragen der Lotpaste (als Lot-Depots)
- SMD-Bestückung
- Reflowlöten.

Die Lotpaste dient gleichzeitig zum Fixieren der SMDs auf der Leiterplatte bis zum Lötvorgang.

Lotpaste auftragen Bauelemente bestücken Reflow-Löten

Abb. 54: Verfahren für das Reflowlöten

Bei der Montage auf der Wellenlötseite müssen die SMDs auf die Leiterplatte geklebt werden, da es ja keine Lotdepots wie auf der Reflowseite gibt, auf denen sie haften bleiben. Die Verarbeitung erfolgt nach der Reihenfolge:

- Setzen der Klebepunkte
- SMD-Bestückung
- Aushärten des Klebstoffes
- Wenden der Leiterplatte
- Doppelwellenlöten.

Für das Wellenlöten sind fast alle SMD-Einzelhalbleiter geeignet. Der Einsatz von ICs ist hier kritischer, da

- der Bodenabstand für das Kleben zu groß sein kann
- Probleme beim Löten (Kurzschlüsse, Unterbrechungen) auftreten können
- die Temperaturschockbelastung hoch ist.

Sind hochpolige ICs weder mit der Wellen- noch mit der standardmäßigen Reflow-Löttechnik (Verwendung von Lotpaste) verarbeitbar, so können sie auch mit der Methode des *Bügellötens* verarbeitet werden. Bestücken und Löten erfolgen dabei in einem Arbeitsgang.

Die folgende Abbildung zeigt die Montageschritte am Beispiel einer *mischbestückten* Baugruppe mit bedrahteten und zusätzlich beidseitigen SMD-Bauelementen.

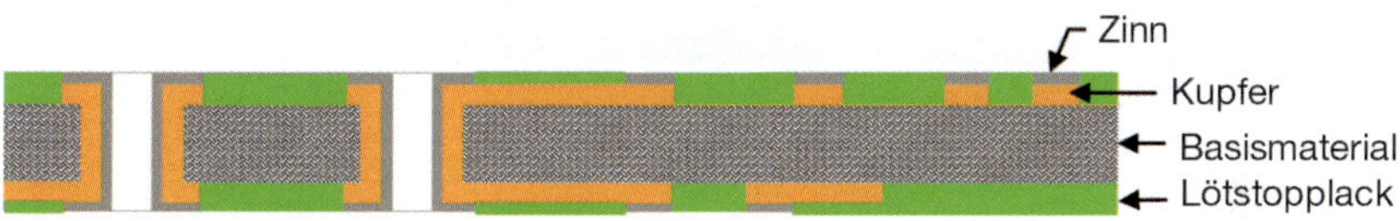

1. Leiterplatte zuführen (manuell oder automatisch)

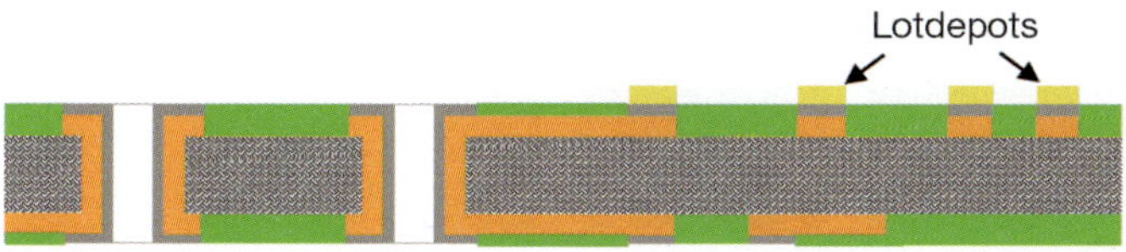

2. Lotpaste drucken, Aufbau **Lotdepot** durch Siebdruck, Schablonendruck oder Dispensen

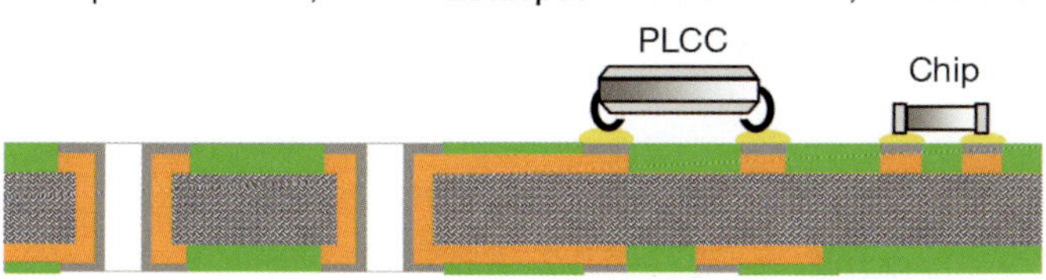

3. SMD-Bauelemente bestücken

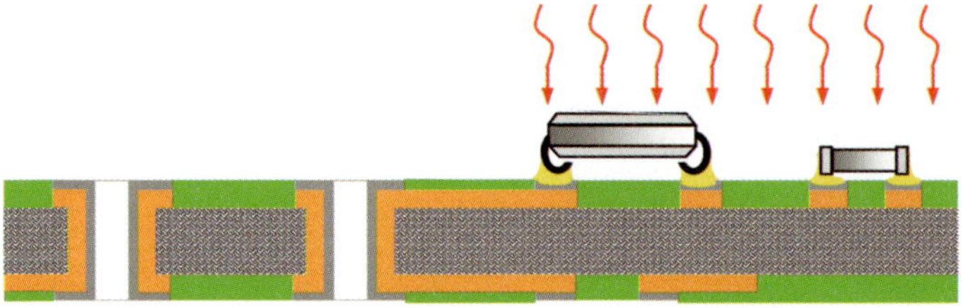

4. Reflowlöten der Baugruppe, Löten durch Wärmestrahlung und Konvektion

5. Baugruppe wenden als Vorbereitung für rückseitige Montage

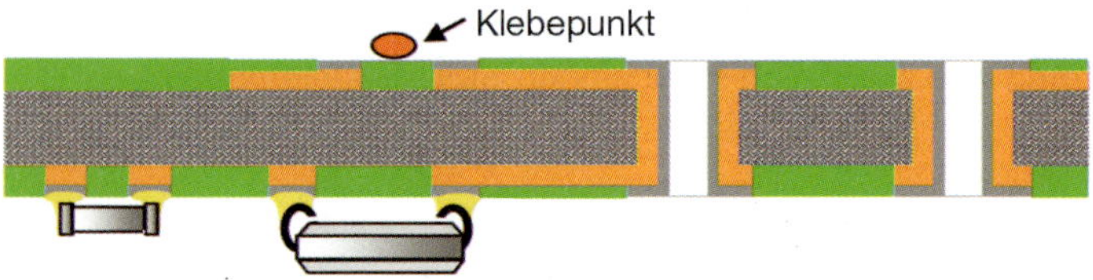

6. Kleber dispensen

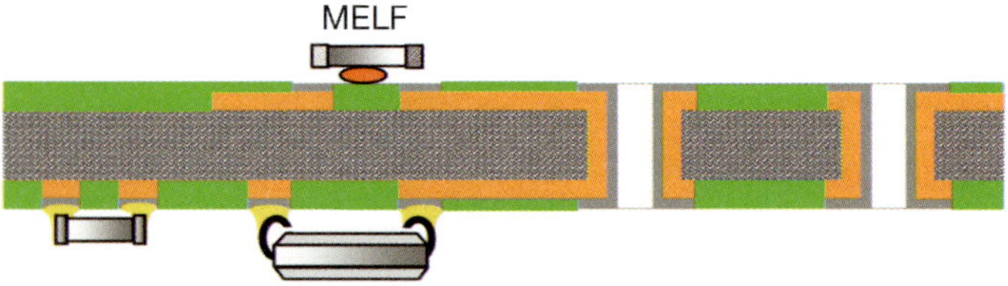

7. SMD-Bauelemente auf Rückseite bestücken

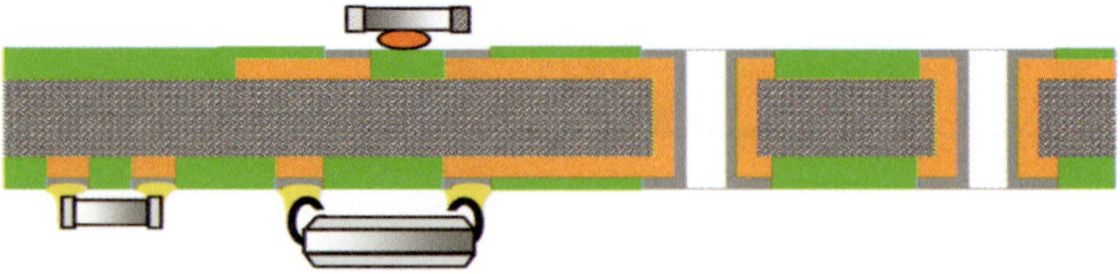

8. Kleber aushärten (ca. 80 °C), Bauelement wird fixiert

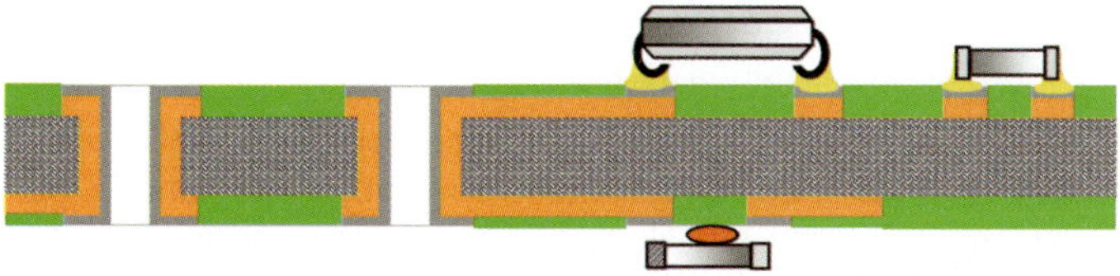

9. Baugruppe wenden, Vorbereitungen für Montage der bedrahteten Bauteile (Anschlüsse ablängen, biegen, sicken)

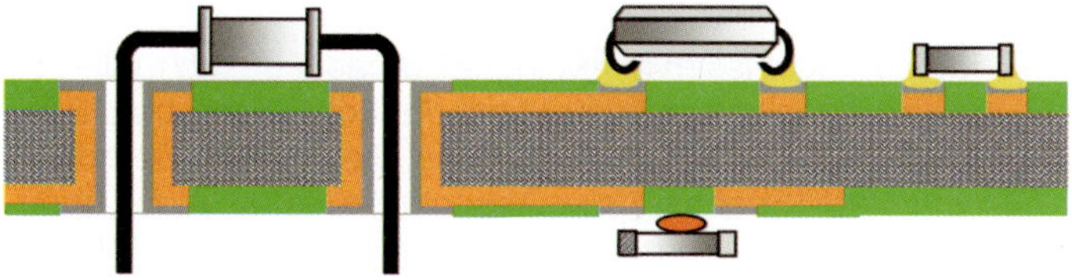

10. Bedrahtete Bauelemente bestücken

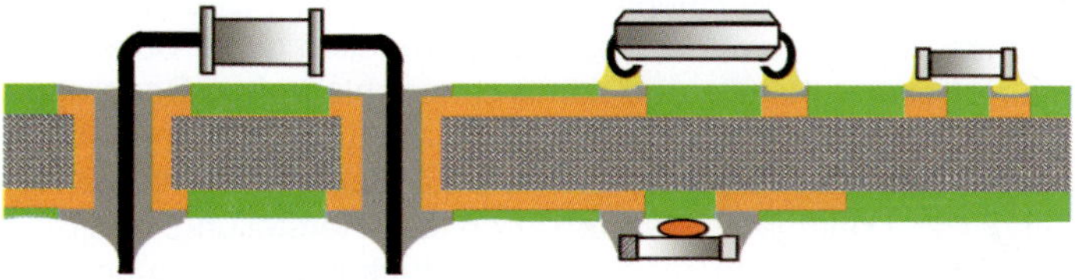

11. Wellenlöten der Baugruppe

Abb. 55: Fertigungsschritte bei einer mischbestückten Baugruppe mit beidseitigen SMD-Bauelementen

Der letzte Schritt ist eine Prüfung der Baugruppe (Incircuit-Test), insbesondere auf:

- Werte und Funktion der Bauelemente
- Kurzschlüsse
- Unterbrechungen.

2.6.3 Lotauftrag

Das Auftragen des Lotwerkstoffes erfolgt hauptsächlich in Form von Lotpaste. *Massive Lotdepots* werden nur beim *Bügellöten* verwendet.

Die Lotpaste kann durch drei Verfahren aufgetragen werden:

- Siebdruck (Simultanverfahren)
- Schablonendruck (Simultanverfahren)
- Dosieren (Einzelverfahren).

Im Allgemeinen erfolgt der Lotpastenauftrag mittels Schablonendruck. Dieser Arbeitsschritt bestimmt wesentlich die Fertigungsqualität, da der Lotpastendruck für ca. 60 % bis 70 % der Fehler in einer Flachbaugruppenfertigung verantwortlich ist.

Die erforderliche Menge der aufgetragenen Lotpaste ist für die einzelnen SMDs unterschiedlich und hängt von der Ausführung der Bauteilanschlüsse ab. MELF- und PLCC-Bauformen erfordern z. B. wesentlich mehr Lot als sehr eng nebeneinander liegende Anschlüsse von hochpoligen ICs. Die Lotpastenhöhe richtet sich nach den verwendeten Bauelementen, in der Praxis wählt man zwischen 100 µm und max. 250 µm.

Die Schablonen für den Lotpastenauftrag können durch Ätztechnik oder Laserschneiden hergestellt werden.

Die Bauelemente werden mit ihren Anschlüssen direkt in die Lotpaste gesetzt. Alle Anschlüsse müssen vor dem Löten mechanischen Kontakt mit der Lotpaste haben. Dazu ist es notwendig, dass bei mehrpoligen ICs die Lotpastenhöhe, die Planität (Geradheit) der Leiterplatte und die *Koplanarität*[3] (Ebenheit) der Anschlüsse aufeinander abgestimmt sind. Bei einer Lotpastenhöhe von 100 µm sollte z. B. eine maximale Toleranz der Koplanarität je nach Rastermaß der Anschlüsse von 100 µm bis 70 µm eingehalten werden.

Idealerweise sollten die Anschlüsse eines Finepitch- oder eines BGA-Bauteils alle in einer Ebene liegen. Liegt auch nur ein einzelner Anschluss erheblich höher oder niedriger, so kann dies zu einer offenen Lötstelle und damit einer fehlerhaften Baugruppe führen. Eine häufige Ursache von Problemen mit der Koplanarität ist die Handhabung der Bauteile, z. B. durch Verbiegen der Anschlüsse. Bei BGA-Bauteilen kann die Koplanarität (Höhenverteilung der Lotkugeln) bereits durch die Herstellung aufgrund schlecht geformter Lotkugeln variieren. In modernen Bestückungsautomaten wird die Koplanarität von Bauteilen während des Bestückungsprozesses mittels laseroptischem Triangulations-Wegsensor oder mit einer 3D Koplanaritäts-Kamera gemessen. Es werden Abweichungen der Anschlüsse bis zu 25 µm erkannt.

Die Durchbiegung der Leiterplatten sollte weniger als 1 % der Leiterplattendiagonale betragen. Für Finepitch-Anwendungen und großflächige Leiterplatten sollte die maximale Durchbiegung 0,5 % des Diagonalmaßes sein.

Bei der Auswahl der Lotpasten spielen die Verarbeitungseigenschaften eine ausschlaggebende Rolle. Neben guter Verarbeitbarkeit muss auch auf die Zusammensetzung des in der Lotpaste enthaltenen Flussmittels geachtet werden. Rückstände dürfen keine korrosive Wirkung haben, sonst müssen sie durch einen Reinigungsprozess (Waschen der Baugruppe) entfernt werden. Überwiegend wird mit »No-Clean«-Pasten gearbeitet, ein Reinigungsprozess ist nicht nötig. Rückstände von »No-Clean« Lotpasten können auf der Oberfläche der Leiterplatte belassen werden, sie beeinträchtigen die Leistungsfähigkeit einer Schaltung nicht und machen Reinigungssysteme überflüssig.

3 max. zulässiger Abstand eines Bauteilanschlusses zur gemeinsamen Auflageebene aller Anschlüsse

Abb. 56: Nicht gelötete Anschlüsse bei Small-Outline-Bauteilen wegen schlechter Koplanarität

Das Aufschmelz- und Benetzungsverhalten der Lotpasten ist für die Lötqualität entscheidend. Lotpasten werden über die Größe der Kügelchen des Lotmetallpulvers klassifiziert. Eine für das Löten von SMD-Bauteilen geeignete Lotpaste besteht z. B. aus ca. 90 % Kügelchen einer Zinnlegierung und ca. 10% Flussmittel. Bevorzugt werden Lotpasten mit hohem Metallgehalt und mittleren Lotkugeldurchmessern von 50 µm bis 70 µm. Ein geringer Anteil organischer Stoffe (Harzkomponenten, hochsiedende Lösungsmittelgemische) reduziert die Lunkerbildung in der Lötverbindung. Vorteilhaft bei der Verarbeitung von Lotpasten sind kleine Zeitdifferenzen zwischen Lotpastenauftrag und Reflowlötung, da Oxidation und Luftfeuchteaufnahme der Paste vermieden werden.

Die folgenden Faktoren beeinflussen den Erfolg des Auftragens der Lotpaste.

- Der wichtigste Parameter für die Verarbeitbarkeit der Lotpaste ist ihre Viskosität.
- Der Durchmesser der Öffnungen der Schablone. Die Dicke der Schablone muss deutlich geringer sein als der Durchmesser der kleinsten Öffnung auf der Schablone, um eine leichte Ablösung der Paste von der Schablone zu gewährleisten.
- Das Rakelmaterial. Metallrakel sind besser geeignet als Gummirakel, da sie weniger Paste aus den Schablonenöffnungen herausnehmen.
- Die Druckgeschwindigkeit. Die Grenzen der Druckgeschwindigkeit von Pasten sind unbedingt zu beachten. Die meisten Anwender arbeiten bei Geschwindigkeiten von weniger als 30 mm/s. Die Druckqualität kann bei höheren Geschwindigkeiten abnehmen.
- Es ist wichtig, dass keine Paste auf die Unterseite der Schablone gelangt. Dies kann zu überschüssiger Paste auf der Leiterplatte und zu schlechter Druckqualität führen.

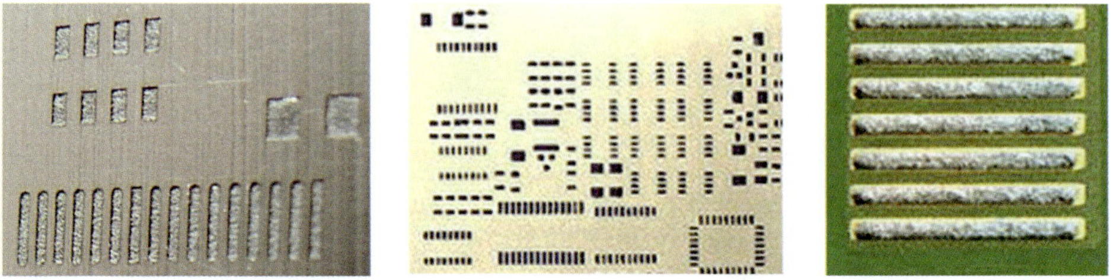

Abb. 57: Zwei Lotpastenschablonen, Lotpaste auf IC-Anschlusspads aufgetragen

Kriterium	Sieb	Schablone
Handhabung und Einstellung	Einarbeitung und Erfahrung notwendig	relativ leicht
Raster Gehäuseanschluss	0,8 (0,6) mm	0,5 mm; (0,3 mm)
Druckgenauigkeit	ca. ± 0,1 mm	mit Vision-System ± 0,05 mm
Material	Stahlgewebe 80 mesh	Metallblech
Lotpastenhöhe	einheitlich bis 300 µm	verschiedene Dicken mög-lich
Metallgehalt der Lotpaste	ca. 85 Gew.%	ca. 90 Gew.%
Klebstoffanteil der Lotpaste	normal	höher
Rakel	Gummi	Stahl oder Gummi
Standzeit (Lebensdauer)	hoch (abhängig von Draht-∅)	sehr hoch für ≥150 µm
Kosten	relativ niedrig	hoch

Tabelle 3: Vergleich von Sieb- und Schablonendruck (Lotpastenauftrag)

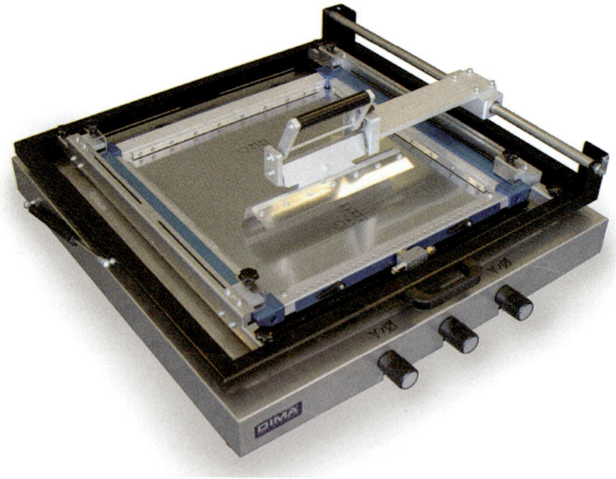

Abb. 58: Sieb- und Schablonendrucker zum Lotpasten- oder Klebstoffdruck
Bildquelle: DIMA Group B.V.

2.6.4 Klebstoffauftrag

Vor dem Wellenlöten werden die SMD-Bauelemente durch einen Klebstoff dauerhaft auf der Leiterplatte fixiert. Nur wenige Bauformen von ICs sind dafür geeignet, die meisten ICs müssen (oben) auf der Reflowseite platziert werden. Üblicherweise werden kleine Einzelhalbleiter mit einem und größere Einzelhalbleiter und ICs mit mehreren Klebepunkten aufgeklebt.

Der zwischen den Lötflächen aufgetragene Klebstoff befestigt die Bauteile auf der Leiterplatte. Das Auftragen des Klebstoffs kann (wie beim Auftragen der Lotpaste) mittels Dispenser (durch Dosierung aus einer Kartusche), durch Siebdruck oder durch Schablonendruck erfolgen. Bei der Dosierung aus der Kartusche mittels Dosiernadel ist die Einstellung aller Dosierparameter (u.a. Dosierzeit und -druck, Klebstoffmenge und -temperatur, Größe und Form der Nadel) wichtig für eine zufrieden stellende Dosierung. Der nicht gehärtete Klebstoff muss über eine genügend hohe Nassfestigkeit (Festigkeit in nassem Zustand) verfügen, um das auf den Klebepunkt gesetzte Bauteil bis zur vollständigen Aushärtung des Klebstoffs auf seinem Platz zu halten. Der ausgehärtete Klebstoff muss ebenfalls eine genügend hohe Festigkeit besitzen, damit das Bauteil beim Schwall-Löten nicht von der Leiterplatte abgelöst wird. Außerdem ist darauf zu achten, dass der Kleber beim Applizieren keine Fäden zieht, die auf den Anschlussflächen nicht lötfähige Bereiche erzeugen können.

Die Anforderungen an den Klebstoff sind im Wesentlichen:

- hohe Stabilität bei Lagerung
- optimale rheologische (fließtechnische) Eigenschaften
- Beständigkeit gegen Schwankungen der Verarbeitungstemperatur und der Luftfeuchtigkeit (möglichst kleine Viskositätsänderung und geringe hygroskopische Eigenschaften)
- Homogenität und Blasenfreiheit
- ideale Tropfenform (relative Tropfenhöhe: d/h = 1,4...1,0)
- hervorragende Benetzung und hohe Adhäsionskräfte (Nassklebkraft)
- schnelles, schrumpf- und rissfreies Härten
- gute Haftung zum Bauteil und zur Leiterplatte
- Beständigkeit gegen Fluss- und Reinigungsmittel
- gute Isolationseigenschaften und Korrosionsfreiheit.

Es gibt zwei Klebstofffamilien, die eingesetzt werden: Acrylate und Epoxide.

Acrylate

Für das kombinierte Aushärtesystem von Acrylaten ist sowohl UV-Licht als auch Wärme erforderlich. Durch das UV-Licht wird ein sehr schnelles Fixieren der Bauteile auf der Leiterplatte erreicht, der Klebstoff wird angehärtet um zu verhindern, dass bei der anschließenden Warmhärtung Klebstoff ausfließt oder das Bauteil verrutscht. Der größte Teil des Klebstoffs befindet sich unter dem SMD-Bauteil und härtet nur durch Wärmeeinwirkung aus, da die UV-Aushärtung keine Wirkung auf den Teil des Klebstoffs hat, der durch das Bauteil vom UV-Licht abgeschirmt ist. Acrylate besitzen eine hohe Nassfestigkeit und härten schnell aus. Diese Klebstoffe können bei Raumtemperatur bis zu 12 Monate gelagert werden. Sie sind auch für eine Hochgeschwindigkeitsdosierung geeignet.

Epoxide

Epoxide benötigen zum vollständigen Aushärten nur Wärme. Sie härten bei niedrigeren Temperaturen aus als Acrylate (die meisten ab 100 °C) und besitzen eine sehr hohe Klebefestigkeit und sehr gute elektrische Eigenschaften. Im flüssigen Zustand sind Epoxide wärmeempfindlich, sie müssen daher bei sehr niedrigen Temperaturen (5° C) gelagert werden, damit ihre maximale Haltbarkeit gesichert ist.

Die Festigkeit der Klebeverbindung muss ausreichend hoch sein, damit die Verbindung den auftretenden Kräften bei der Handhabung der Leiterplatte zwischen Aushärte- und Lötstation standhält. In der Lötstation kommt es in der Vorwärmphase und in der Lötwelle zum Erweichen des Klebstoffes. Die Festigkeit, die für eine Verbindung erforderlich ist, damit sie den mechanischen Beanspruchungen der Lötwelle standhält, ist aber relativ gering und liegt normalerweise bei 2 N (200 g). Die Festigkeiten der handelsüblichen Klebstoffe übertreffen diese Anforderungen bei weitem.

2.6.5 Bestücken

Die Bestückbarkeit von Halbleitern hängt sehr von deren Bauform ab. Bis zu einem Rastermaß von 1,27 mm genügt die mechanische Zentrierung durch die Einrichtungen des Bestückungsautomaten. Hochpolige ICs müssen entsprechend ihrem kleinen Abstand der Anschlüsse genau platziert werden. Ein Anhaltspunkt für die Genauigkeit der Platzierung ist ein zulässiger Versatz von max. 30 % zwischen SMD- und Leiterplattenlöt-Anschluss.

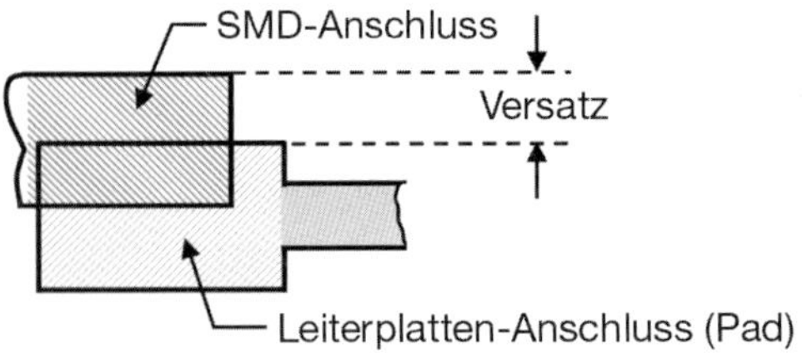

Abb. 59: Versatz zwischen SMD- und Leiterplattenlöt-Anschluss

Moderne Bestückungsautomaten erzielen bei der Positionierung der Bauelemente eine Bestückungsgenauigkeit von ±50 µm durch so genannte Vision-Systeme. Mit ihnen werden sowohl die Leiterplatte als auch die Bauelemente optisch vermessen und die Bauelemente entsprechend der Sollposition sehr genau auf die Leiterplatte aufgesetzt.

Die Marken (»Fiducials«) für die Lageerkennung auf der Leiterplatte befinden sich meist am Leiterplattenrand. Zusätzlich können neben einzelnen ICs Marken angebracht sein (*Local Fiducials*). Das Lesen der Marken erfolgt durch eine CCD-Kamera unmittelbar vor dem Bestückungsvorgang. Für eine optische Inspektion der SMD-Anschlüsse sorgt eine Zentrierstation, welche die richtige Lage des ICs bezüglich Position in x- und y-Richtung sowie Verdrehung überprüft.

Durch einen zusätzlichen Messvorgang mittels Laser oder spezieller Kamera kann außerdem die bereits erwähnte Koplanarität der IC-Anschlüsse überprüft werden.

Eine Handbestückung von kleinen Einzelhalbleitern und von hochpoligen ICs setzt genügend Erfahrung und Übung voraus, und sollte nur mit Hilfsmitteln wie Mikroskop und Manipulator erfolgen.

2.6.6 Löten

Ausbeute (*Yield*) und Qualität werden bei der Baugruppenfertigung maßgeblich durch das Löten bestimmt. Stehen Lötverfahren zur Auswahl, so muss entsprechend den vorgegebenen Randbedingungen die richtige Methode gewählt werden. Um Grundlagen für Entscheidungen zu geben, werden die bekanntesten produktionstechnischen Lötverfahren in den folgenden Abschnitten kurz beschrieben. – Der Lötkolben wird nur im Labor und bei Reparaturarbeiten zum seriellen Löten einzelner Kontaktstellen eingesetzt. Dabei werden Lötstationen mit automatischer Temperaturregelung verwendet.

2.6.6.1 Grundlagen des Lötens

Löten ist ein thermisches Verfahren zum stoffschlüssigen Fügen und Beschichten von Werkstoffen, wobei eine flüssige Phase durch Schmelzen eines Lotes bzw. durch Diffusion[4] an den Grenzflächen entsteht. Bei diesem Fügeverfahren werden zwei Verbindungspartner aus gleich- oder verschiedenartigen Werkstoffen mit Hilfe eines geschmolzenen Zusatzwerkstoffs, des Lots, welches die Oberflächen der Werkstoffe benetzt und in den Lötspalt eindringt, beim Erstarren des Lots stoffschlüssig verbunden. Die Prozesstemperatur liegt in der Regel über der *Liquidustemperatur* (obere Schmelzpunkt) des Lots und unter dem Schmelzpunkt (*Solidustemperatur*) der zu verbindenden Werkstoffe. Als Verbindungsmaterial (*Lot*) für eine metallische Verbindung zwischen zwei metallischen Werkstoffen dient meist eine leicht schmelzbare Metalllegierung.

Unterschiede zum Schweißen

Beim Schweißen werden sowohl der Grundwerkstoff als auch der Zusatzwerkstoff in einen schmelzflüssigen Zustand versetzt. Beim Löten wird der zu lötende Werkstoff nicht aufgeschmolzen. Beim Löten erfolgt die Nahtausbildung durch das Ausfüllen des Lotspalts. Der Lötprozess beruht auf einer Kapillarwirkung und nicht wie beim Schweißen auf einem örtlichen Schmelzfluss.

Durch das Löten können verschiedene Metalle oder Metalle mit Glas, Keramiken, Halb-

4 Unter Diffusion versteht man einen Stoffaustausch durch Wandern von Teilchen im Kristallgitter aufgrund thermischer Eigenbewegung und durch ein Konzentrationsgefälle.

leitern, Graphit und anderen nichtmetallischen Werkstoffen verbunden werden. Durch Schweißen ist dies nur schwer möglich.

Begriffe im Bereich Löten

Lote haben meist einen *Schmelzbereich* (Schmelzintervall). Dieser Schmelzbereich wird nach unten vom *unteren Schmelzpunkt*, der *Solidustemperatur*, begrenzt. Die obere Grenze bildet der *obere Schmelzpunkt*, die *Liquidustemperatur*. Nach Erreichen der Solidustemperatur geht das Lot innerhalb des Schmelzbereiches vom festen in den flüssigen Zustand über und ist bei Erreichen der Liquidustemperatur vollständig flüssig.

Die *Arbeitstemperatur* ist die niedrigste Oberflächentemperatur an den zu verbindenden Grundwerkstoffen, bei der das Lot den Grundwerkstoff benetzt, oder sich durch Grenzflächendiffusion eine flüssige Phase bildet. Sowohl das Lot als auch die beiden zu verbindenden Werkstoffe müssen beim Lötvorgang mindestens diese Temperatur erreichen. Die Arbeitstemperatur ist immer höher als die Solidustemperatur. Sie kann etwas unterhalb oder oberhalb der Liquidustemperatur liegen oder mit ihr zusammenfallen.

Die *Löttemperatur* ist die beim Löten an der Lötstelle herrschende Temperatur. Sie liegt oberhalb der Arbeitstemperatur.

Die *Lötzeit* ist die Zeitspanne vom Beginn des Aufwärmens des Lotes bis zur Erstarrung.

Die *Haltezeit* ist die Zeitspanne, in der die Lötstelle auf Löttemperatur gehalten wird.

Nach der Höhe der Arbeitstemperatur kann man die Lötverfahren folgendermaßen einteilen:

- Weichlöten: Arbeitstemperatur unter 450 °C.
- Hartlöten: Arbeitstemperatur über 450 °C.
- Hochtemperaturlöten: Arbeitstemperatur über 900 °C.

In der Elektronik wird nur das Weichlöten eingesetzt.

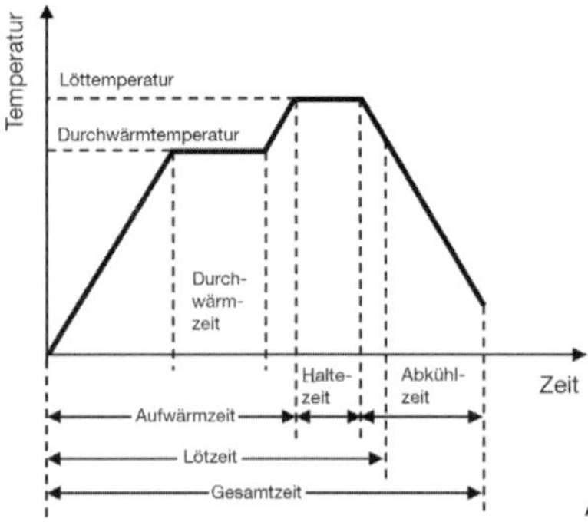

Abb. 60: Für das Löten charakteristische Temperaturen und Zeiten

2.6.6.2 Der Lötvorgang

Der Lötvorgang ist durch folgende Stadien charakterisiert:

- Entfernung störender Oberflächenschichten
- Benetzung der Oberflächen und Ausbreitung des Lotes
- Interdiffusion und Bildung von Legierungszonen
- Erstarrung und Kristallisation des Lotes.

Das Entstehen einer Lötverbindung lässt sich in drei Phasen einteilen.

1. Phase

Wird flüssiges Lot auf einen metallisch sauberen und auf Arbeitstemperatur erwärmten Werkstoff gebracht, so kommt es zu einer **Benetzung**. Es setzt eine innige Berührung zwischen Zusatzstoff und Grundwerkstoff ein.

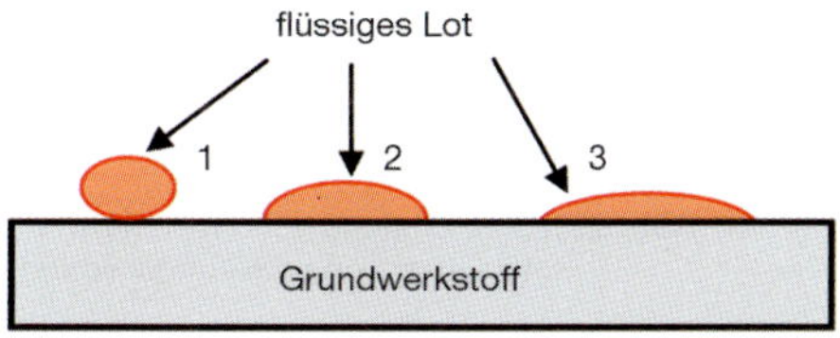

Abb. 61: Benetzung des Grundwerkstoffs mit Lot

Zu Abb. 61:
1: Keine Benetzung, Bildung einer Lotkugel
2: Schlechte Benetzung, Lotausbreitung ist gering, Lotrand ist steil
3: Gute Benetzung, Lotausbreitung ist schnell und großflächig, Lotrand ist flach

2. Phase

Gleichzeitig kommt es zum *Fließen* des Lotes. Ein Tropfen flüssiges Lot breitet sich unter Vergrößerung seiner Oberfläche aus und fließt in kleinste Zwischenräume. Das Fließen und damit auch gleichzeitig die Benetzung erfolgt bei genügend engen Lötspalten sowohl in waagerechter als auch in senkrechter Lage. Diese Erscheinung ist auf die so genannte Kapillarwirkung zurückzuführen. Diese beruht auf der Adhäsion (Haftung) zwischen Flüssigkeiten und festen Oberflächen (Spaltwänden). Aufgrund der Adhäsion steigt die Flüssigkeit an den Wänden des Lötspaltes hoch. In engen Röhren ist die Kohäsion (Haltekraft, Bindekraft) stark genug, die restliche Flüssigkeit mit nach oben zu ziehen.

3. Phase

Die Phase der *Legierungsbildung* zwischen Grundwerkstoff und Lot erfolgt, sobald das Lot die Oberfläche der Werkstoffe benetzt hat. Bei einer gelungenen Lötung legiert das Lot eine dünne Schicht der metallisch blanken Oberfläche auf. Die Atome des flüssigen Lotes diffundieren in die Randschichten des festen Grundwerkstoffes. Ebenso diffundieren Atome aus dem Grundwerkstoff in das Lot. Die sich ausbildenden Verbindungszonen werden deshalb auch als *Diffusionszonen* bezeichnet. Auf dem Bestehen dieser *intermetallischen Verbindung* und ihrem Umfang basiert die Festigkeit einer Lötstelle. Die Tiefe der Diffusion ist material- und temperaturabhängig. Da die Festigkeit der Legierungsschicht höher ist als die des Lotes, sind durchlegierte Verbindungen mit geringer Lotdicke stärker belastbar. Man strebt auch möglichst enge Spaltbreiten an.

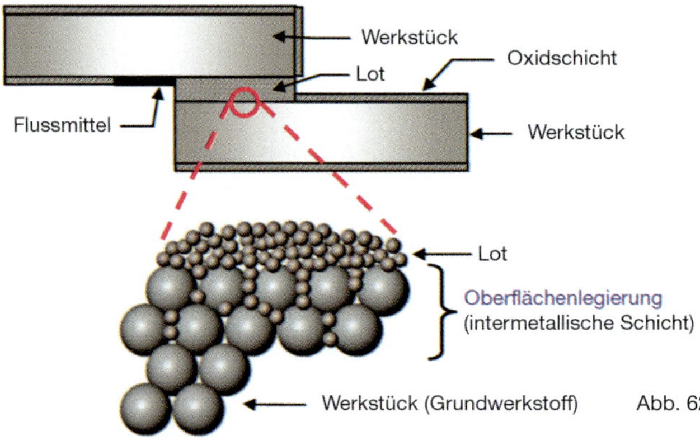

Abb. 62: Lötverbindung von zwei Werkstücken durch Legierungsbildung

Lötspalt und Lötfuge

Der Abstand der beiden Fügeflächen ist von entscheidendem Einfluss auf den Lötvorgang. Einen Zwischenraum von weniger als 0,25 mm bezeichnet man als *Lötspalt*. Durch die beiden dicht gegenüberliegenden Flächen des Lötspaltes wird die Adhäsion zwischen Werkstück und Lot größer als die Kohäsion im flüssigen Lot. Durch diese Kapillarwirkung wird das Lot in den Lötspalt hineingezogen. Je geringer die Lötspaltbreite ist, umso größer fällt die Kapillarwirkung aus. Bei richtig bemessener Lötspaltbreite entsteht ein kapillarer Fülldruck, der das Lot auch gegen die Schwerkraft in den Spalt hineinzieht.

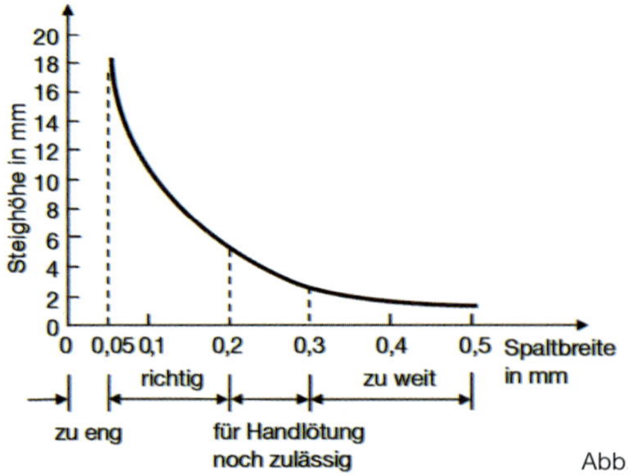

Abb. 63: Kapillarwirkung in Abhängigkeit der Spaltbreite

Ist der Zwischenraum der zu lötenden Werkstücke größer als 0,3...0,5 mm so wird er als *Lötfuge* bezeichnet. Das Fugenlöten findet in der Elektronik keine Anwendung und erfordert wegen des geringen kapillaren Fülldrucks meist eine besondere Löttechnik.

2.6.6.3 Werkstoffe beim Löten

Flussmittel

Erwärmte Metalle verbinden sich sehr schnell mit Sauerstoff aus der Atmosphäre und bilden eine Oxidschicht. Diese verhindert das Benetzen des Werkstoffes durch das Lot, sie hindert das Lot daran, in die Oberflächenporen der Werkstücke einzudringen. Flussmittel werden verwendet, um Oxidschichten zu entfernen und eine gute Benetzung der Werkstoffoberflächen mit Lot sicherzustellen. Außerdem soll eine Neubildung der Oxidschicht verhindert werden, wenn die Lötstelle beim Einleiten des Lötvorganges erwärmt wird. Das Flussmittel setzt die Oberflächenspannung des Lotes herab.

Die Auswahl der Flussmittel richtet sich nach dem zu lötenden Grundwerkstoff und dem Lötverfahren, vor allem aber nach der Arbeitstemperatur des verwendeten Lotes. Die Wirkung der Flussmittel muss unterhalb der Arbeitstemperatur einsetzen und über die maximale Löttemperatur hinaus reichen. Flussmittel werden daher nach ihrem Wirktemperaturbereich eingeteilt.

Außerdem werden Flussmittel unterteilt in

- stark korrodierend
  Dies sind säurehaltige Lösungen von Zink- und Ammoniumchlorid (»Lötwasser«) für stark oxidierte Oberflächen. Sie sind sehr aggressiv, wirken sehr effektiv und beinhalten anorganische Salze. Sie sind korrosiv, leitfähig und in Wasser löslich. Rückstände müssen abgewaschen werden. Bei elektrischen Komponenten werden sie wegen ihrer korrosiven Wirkung nicht eingesetzt.
- leicht korrodierend
  Diese Flussmittel sind ein pastenförmiges Gemisch aus Zink- und Ammoniumchlorid mit organischen Ölen oder Fetten (»Lötfett«), vorwiegend für Kupferlötungen. Rückstände müssen mit Lösungsmitteln entfernt werden.
- nicht korrodierend
  Dies sind natürliche oder synthetische Harze. Sehr bekannt ist ein Bestandteil eines Baumharzes unter der Bezeichnung *Kolophonium*, welches nach Wasserdampfdestillation (Abtrennen von Wasser und Terpentinöl) von Kiefernharz als Rückstand bleibt. Es schmilzt bei 172 °C, der Hauptbestandteil von Kolophonium ist Abietinsäure ($C_{19}H_{29}COOH$).

Der Einsatz nicht korrodierender Flussmittel erfolgt vorwiegend in der Elektronik. Sie sind sehr mild, nicht korrosiv und nicht leitend. Rückstände müssen nicht entfernt werden. Durch organische Salze lassen sich Harzflussmittel aggressiver einstellen. Kupferoxid wird mit Harzsäuren bei 127 °C aufgelöst.

Lötbare Oberflächen sind Ni, Ag, Cu, Au (Nickel, Silber, Kupfer, Gold). Aluminium bildet ein Oxid, die Oberfläche ist nicht lötbar. Silizium-Oxid wird vom Lot nicht benetzt.

Bindemittel
Ein Bindemittel ist ein Stoff, mit dem pulverförmige Lote derart gebunden werden, dass sie als Paste an der Lötstelle angebracht oder zu Lötformteilen verarbeitet werden können.

Lötstoppmittel
Ein Lötstoppmittel ist ein Stoff, der ein unerwünschtes Ausbreiten von geschmolzenem Lot verhindert. Ein ungewolltes Zusammenlöten von Bauteilen an Stellen mit Lotüberschuss wird so vermieden.

Das Lot
Lote sind Zusatzwerkstoffe, die in den meisten Fällen aus Legierungen aus zwei oder mehreren Metallen ohne oder mit weiteren Zusätzen bestehen. Sie dienen zur Herstellung der Lötverbindung. Die Zusammensetzung und Bezeichnung der handelsüblichen Lote ist unterschiedlich. Nicht jedes Lot ist für jeden Grundwerkstoff geeignet.

Für Lote gilt allgemein:

- Ihre Schmelztemperatur ist stets niedriger als die Schmelztemperatur der Grundwerkstoffe.
- Sie müssen dünnflüssig werden, die Oberfläche der Grundwerkstoffe benetzen, sich ausbreiten und in den Lotspalt eindringen.
- Bei der Reaktion zwischen Lot und Werkstoff müssen Lösungs- und Diffusionsprozesse ablaufen, die eine haltbare Verbindung in der Lötzone gewährleisten.
- Die linearen Ausdehnungskoeffizienten des Lotes und der Grundwerkstoffe müssen sehr ähnlich sein, um Spannungen oder Risse in der Lötverbindung zu vermeiden.

Die Einteilung der Lote kann nach ihrer Arbeitstemperatur in *Weichlote* und *Hartlote* erfolgen. Hartlote mit Verarbeitungstemperaturen zwischen 500 °C und 1 000 °C sind eutektische Legierungen, die häufig auf Silber- oder Messing-Basis beruhen. Im Gegensatz zum Weichlot eignet sich ein Hartlot auch für mechanisch stark beanspruchte metallische Verbindungen. Wie bereits erwähnt, werden in der Elektronik ausschließlich Weichlote eingesetzt. Am häufigsten wird als Weichlot ein Zinnlot eingesetzt.

In der Elektronik wurden bis Juli 2006 als Lote Legierungen aus Zinn (Sn) und Blei (Pb) verwendet. Das Blei sorgt für einen relativ niedrigen Schmelzpunkt, für eine gleichmäßige Benetzung der Bauteilanschlüsse und für eine Korrosionsfestigkeit der Lötverbindung. Blei-Zinn-Lote haben eine Arbeitstemperatur von unter 330 °C. Zinn hat einen Schmelzpunkt von 232 °C, der Schmelzpunkt von Blei ist 327 °C. Je mehr Anteile Zinn ein Zinn-Blei-Lot hat, umso niedriger ist die Arbeitstemperatur. Je nach Zinngehalt besitzt also die Legierung einen unterschiedlichen Schmelzbereich. Die niedrigste Schmelztemperatur liegt bei 183 °C, der so genannten *eutektischen Temperatur*, und damit unterhalb der Schmelztemperaturen der beiden reinen Metalle. Ein eutektisches Gemisch besitzt einen bestimmten Erstarrungspunkt, der unter den Schmelzpunkten der legierten reinen Metalle liegt. Bei dieser Temperatur geht die eutektische Mischung mit einem Zinngehalt von 63 Masse% (der Rest von 37 % ist Blei) aus dem festen direkt in den flüssigen Zustand über. Das heißt, diese Mischung verhält sich wie ein reines Metall und besitzt keinen Schmelzbereich (ein reines Metall schmilzt bei einer bestimmten Temperatur »schlagartig«). Die eutektische Legierung besitzt gute Festigkeitseigenschaften.

Dieses Sn63Pb37-Lot mit seinem Schmelzpunkt von 183 °C wurde lange Zeit als Standardlot in der Elektronik verwendet.

Seit Mitte 2006 sind bleihaltige Elektroniklote aus Gründen des Gesundheits- und Umweltschutzes verboten. Wegen der großen Bedeutung des bleifreien Lötens werden wichtige Gesichtspunkte im nächsten Abschnitt behandelt.

2.6.7 Bleifrei Löten

2.6.7.1 Gesetzeslage

Mit den Richtlinien »RoHS« (Restriction of the Use of Certain Hazardous Substances, Beschränkung der Verwendung gefährlicher Stoffe) und »WEEE« (Waste of Electrical and Electronic Equipment, Entsorgung von Elektro- und Elektronik-Altgeräten) hat die EU den Umgang mit umweltschädlichen Stoffen harmonisiert, der Gehalt an gefährlichen Stoffen im Abfall wurde reduziert.

Wegen des Risikos für Gesundheit und Umwelt ist nach der Richtlinie RoHS die Verwendung folgender Stoffe in elektrischen und elektronischen Geräten verboten, die ab 1. Juli 2006 neu in Verkehr gebracht werden:

- Blei (Pb)
- Quecksilber (Hg)
- Cadmium (Cd)
- sechswertiges Chrom (Cr^{+6})
- polybromierte Biphenyle (PBB, flammhemmend)
- polybromierte Diphenylether (PBDE, flammhemmend)

Die gesetzlichen Rahmenbedingungen erfordern somit seit 2006 den Einsatz bleifreier Ersatzwerkstoffe. Davon betroffen ist aber nicht nur das Elektroniklot, sondern auch die Leiterplattenbeschichtung (Finishoberfläche) und die Beschichtung der Bauteilanschlüsse. Als Folge sind alle Hilfs- und Werkstoffe, Verfahren, Geräte und Prozessschritte bei der Fertigung blei- und halogenfreier elektronischer Baugruppen aufeinander abzustimmen. Einige Punkte, die betrachtet werden müssen:

- Leiterplatte mit Basismaterial und Oberfläche
- Bauteile
- Lote
- Flussmittel
- Lötprozesse (Lötprofile)
- Lötequipment
- Layoutregeln
- Einstellungen der Parameter der optischen und Röntgeninspektion.

Beim bleifreien Löten sind die besonderen Gegebenheiten und die gegenseitigen Abhängigkeiten all dieser Punkte zu berücksichtigen. Bleifreie Lote und Endoberflächen können nicht genauso universell weiterverarbeitet werden wie Bleilote und Leiterplatten mit klassischer (bleihaltiger) Heißluftverzinnung (HAL). Außerdem benötigen bleifreie Werkstoffe höhere Prozesstemperaturen. Die thermische Belastung des Basismaterials während der Oberflächenbehandlung und später während des Lötvorgangs steigt dadurch an. Die elektronischen Bauteile werden beim Löten ebenfalls höheren Temperaturen ausgesetzt.

2.6.7.2 Anforderungen an die Leiterplatte

Bei Leiterplatten wird die RoHS-Konformität durch das Basismaterial (inklusive Lötstopplack und Bestückungsdruck) und die Oberfläche bestimmt.

Halogenfreies Basismaterial

Im Basismaterial wurden früher überwiegend halogenhaltige Substanzen als Flammschutzmittel verwendet. Halogene sind die Elemente Fluor, Chlor, Brom und Jod. Diese können in elementarer Form vorliegen (Fluorgas, Chlorgas, flüssiges Brom, Jod-Kristalle), als Anionen (Fluoride, Chloride, Bromide, Jodide) oder als Bestandteil organischer Verbindungen (PTFE = Polytetrafluorethylen, Fluor-Chlor-Kohlenwasserstoffe, PCB = Polychlorbiphenyl, Chloroform, Dioxin, u.s.w.). Das Halogenverbot in der RoHS bezieht sich auf bromierte organische Verbindungen, die besonders gefährlich sind oder gefährliche Verbindungen bilden können. Diese Stoffe sind biologisch nur schwer abbaubar und können sich in der Nahrungsmittelkette anreichern. Sie sind krebserregend, erbgutschädigend oder anderweitig hochgiftig. Als giftige Komponenten des Basismaterials sind daher polybromierte Biphenyle und polybromierte Diphenylether verboten. Bei der Verbrennung können aus diesen Stoffen noch kritischere polybromierte Dibenzofurane bzw. polybromierte Dibenzodioxine entstehen. Halogenfreies Basismaterial enthält als Flammschutzmittel Stickstoff- und Phosphorverbindungen oder Wasser bildende Hydrate anstelle der Bromverbindungen.

Thermische Belastbarkeit der Leiterplatte

Die höhere Schmelztemperatur bleifreier Lote führt zu höheren thermischen Belastungen beim Löten. Im Substrat der Leiterplatte darf unter diesen Bedingungen keine Delamination der Schichten auftreten. Wölbung und Verwindung der Leiterplatte müssen hinreichend klein bleiben, sie können zu Bestückungs- und Lötfehlern führen. Durch eine zu starke thermische Ausdehnung der Leiterplatte kann auch die Metallisierung in Durchkontaktierungen abreißen.

Als Basismaterial für Leiterplatten wird überwiegend FR4 verwendet. Bei FR4 darf die Temperatur als Wärmeschock beim Löten während 10 s bis 288 °C betragen. Diese Temperatur liegt oberhalb der höchsten Prozesstemperatur beim bleifreien Löten. Versuche ergaben für die Lötmethoden Reflow, Welle, Selektiv- und Reparaturlöten, dass für den bleifreien Lötprozess mit seinen höheren Temperaturen FR4-Leiterplatten mit herkömmlicher Temperaturbeständigkeit eingesetzt werden können. Die Standard-

Qualität mit einer Glasübergangstemperatur T_g (Erweichungspunkt mit beginnender, nicht reversibler Strukturveränderung) von 120 °C bis 140 °C reicht meist aus. Dagegen können für ein Basismaterial wie das CEM1 die hohen Prozesstemperaturen kritisch sein.

Leiterplatten-Oberflächen

Die Endoberfläche der Leiterplatte soll die Benetzbarkeit der Anschlussflächen beim Löten erhöhen. Nichtchemische Oberflächen schützen außerdem das darunter liegende Kupfer vor Oxidation und verlängern somit auch die Dauer der Lagerfähigkeit. Im Folgenden werden Aufbau, Eigenschaften sowie Vor- und Nachteile einiger Leiterplattenbeschichtungen aufgezeigt.

- HAL bleifrei
  HAL (*Hot Air Levelling*) ist die am häufigsten verwendete Finishoberfläche, sie ist geeignet für Standard-SMDs. Es kann jedoch keine homogene Dicke der Oberfläche realisiert werden (Schichtdicke > 5 µm), da diese durch ein Zinnbad geschaffen wird. Das Zinn bildet »Tröpfchen« an Kanten von Löchern und Pads. Dadurch kann die Oberfläche an den Kanten sehr dünn werden. HAL bleifrei ist deshalb für Finepitch-Anwendungen nicht geeignet.

  Vorteile: Gute Lagerfähigkeit (ca. 1 Jahr), gute Lötbarkeit durch großen Lotvorrat an den Pads, kostengünstig, für Einpresstechnik geeignet, mehrfache Lötvorgänge sind möglich.

  Nachteile: Pads nicht plan, dünne Oberfläche an den Kanten, für Finepitch-Anwendungen wegen Unebenheiten nicht geeignet.

- Chemisch Zinn
  Die Herstellung erfolgt durch eine Austauschreaktion von Kupfer und Zinn. Wie die Oberfläche chemisch Gold ist die Oberfläche absolut plan (Schichtdicke > 1 µm). Es besteht eine Neigung zur Bildung von *Whiskern* (sehr feine, haarförmige Einkristalle mit bis zu einigen Millimetern Länge). Die Anfälligkeit zur Alterung ist zu beachten.

  Vorteile: Pads sind plan, gut für Standard-SMDs und Finepitch-Anwendungen geeignet, beste Oberfläche für Einpressstecker.

  Nachteile: Teurere Variante, kritischer Verarbeitungsprozess (bei Berühren der Oberfläche wird die Lötbarkeit schlechter), eingeschränkte Lagerfähigkeit (ca. 6 Monate), mehrfache Lötvorgänge sind nur begrenzt möglich.

- Chemisch Silber
  Die Herstellung erfolgt durch eine Austauschreaktion von Kupfer und Silber. Die Oberfläche chemisch Silber ist der Oberfläche chemisch Zinn sehr ähnlich, sie hat jedoch bessere Eigenschaften bezüglich Oxidation und Kontaktanwendungen.

  Vorteile: Pads sind plan, gute Lagerfähigkeit (ca. 6 bis 12 Monate), sehr gut für Finepitch-Anwendungen geeignet, für Einpresstechnik geeignet, mehrfache Lötvorgänge sind möglich.

  Nachteile: Empfindliche Oberfläche wegen nur geringer Schichtdicke von 0,2 µm Silber.

- Chemisch Nickel/Gold
  Die Herstellung erfolgt durch eine Austauschreaktion mittels Katalysator. Chemisch Gold ist eine sehr plane Schicht und hat sehr gute Oxidationseigenschaften. Die Oberfläche setzt sich zusammen aus 3 bis 5 µm Nickel und 0,05 bis 0,1 µm Gold über dem Nickel.

  Vorteile: Pads sind plan, ideal für Standard-SMDs und Finepitch-Anwendungen geeignet, gute Lagerfähigkeit (bis 2 Jahre), sehr gute Benetzung, im Vergleich zu chemisch Zinn äußerst unkritisch in der Weiterverarbeitung, bondfähig.

  Nachteile: Teurer als HAL bleifrei.

- Organische Kupferpassivierung
  Organische Passivierung (OSP, Organic Solderability Protection, organische Schutzbeschichtung) von Kupferoberflächen auf der Basis von heterocyclischen Verbindungen wie Imidazole ($C_3H_4N_2$) und Triazole ($C_2H_3N_3$), geringe Schichtdicken mit 0,2 bis 0,5 µm.

  Vorteile: Hohe Planarität der Pads, gute Lagerfähigkeit (max. 12 Monate), kostengünstigste Oberfläche für Lötprozesse.

  Nachteile: Mehrfachlötungen bedingt möglich, Anpassung der Lötparameter notwendig, nicht bondfähig.

2.6.7.3 Bleifreie Lote

Bleifreie Lote basieren auf einem höheren Zinnanteil und haben deshalb im Allgemeinen einen höheren Schmelzpunkt und eine höhere Löttemperatur als bleihaltige Lote. Die höheren Prozesstemperaturen führen zu einer erhöhten Gefahr der Oxidbildung.

Die folgenden Punkte können bei der Auswahl einer bleifreien Lotlegierung als Selektionskriterium betrachtet werden.

- Bleifreie Lote sollen möglichst kostengünstig sein.
- Eine einwandfreie Benetzung der handelsüblichen bleifreien Bauteil- und Leiterplattenbeschichtungen muss gewährleistet sein.
- Die Lötverbindungen sollen mit bleifreien Loten mindestens ebenso zuverlässig und fest sein, wie mit den herkömmlichen SnPb-Loten.
- Das Lot soll für alle benötigten Lötprozesse gleich gut geeignet sein.
- Die Lötverbindung soll möglichst unempfindlich gegen eine mögliche Verschmutzung mit Blei sein.
- Das Lot muss als Pasten und als Formteile lieferbar sein.
- Die einlegierten Metalle müssen eine gute elektrische und thermische Leitfähigkeit aufweisen.
- Eine Reparierbarkeit muss gegeben sein.
- Eine Eignung der Legierungen für das Recycling muss vorliegen.

Aus einer Vielzahl möglicher bleifreier Lotverbindungen werden hier nur vier eutektische Legierungen genannt (Sn = Zinn, Ag = Silber, Cu = Kupfer, Ni = Nickel, Sb = Antimon):

- SnAgCu
- SnAg
- SnCuNi
- SnCu

Von Konsortien, die sich mit bleifrei Löten beschäftigen, gibt es folgende Empfehlungen:

- Reflowlöten SnAg3,8Cu0,7 und für das Wellenlöten SnAg3,8Cu0,7Sb0,25
- Reflow- und Wellenlöten Legierungen aus dem Bereich SnAg(3,4–4,1)Cu(0,45–0,9)
- Reflowlöten SnAg3,9Cu0,6 und für das Wellenlöten SnCu0,7

SnAgCu-Legierungen gelten in der Elektronik als bleifreies Standardlot. Im Vergleich zum SnPb-Lot weisen sie meist gleiche oder bessere thermische Ermüdungsbeständigkeit auf. Die Oberflächenspannung ist höher, die Benetzungseigenschaften sind schlechter als beim SnPb-Lot. Durch das Kupfer sinkt der Schmelzpunkt des Lots und die Auflösung der Kupferbestandteile des Basismaterials (= *Ablegieren*) wird verzögert.

SnCuNi-Legierungen als Lot ergeben beim Reflowlöten glänzende Oberflächen. Beim Wellenlöten sind die Unterschiede zum SnAgCu-Lot gering. Der Zusatz von Nickel halbiert die Geschwindigkeit der Ablegierung von Kupfer.

Lot	**Schmelzpunkt in °C**	**Bemerkung**
SnCuNi	227	
SnCu	227	kostengünstig für Wellenlöten
SnAg	221	für höhere Betriebstemperaturen
SnAg3,5Cu0,7	217	weit verbreitet für Reflowlöten
SnPb	183	bleihaltiges Lot (verboten)

Tabelle 4: Verschiedene Lote und ihre Schmelztemperaturen

2.6.7.4 Weitere Aspekte des bleifreien Lötens

Wie alle Angaben in diesem Werk stellen die folgenden Daten keine Empfehlung für den praktischen Einsatz dar, sondern besitzen nur informativen Charakter.

Da die Löttemperatur bleifreier Lote höher ist als bleihaltiger Lote, verkleinert sich das Prozessfenster für den Lötvorgang. Die obere Temperaturgrenze wird durch die maximal erlaubte Bauteiltemperatur festgelegt, die untere Temperaturgrenze erhöht sich durch den höheren Schmelzpunkt des bleifreien Lotes.

Beim Reflowlöten mit SnAgCu-Lot ergeben sich Spitzentemperaturen von 235 °C bis 245 °C, übliche SMD-Bauteile zeigen bei diesen Temperaturen noch keine Probleme hinsichtlich thermischer Überhitzung. Abhängig vom Lotpastensystem sind sowohl Sattel- als auch lineare Temperatur-Zeit-Profile geeignet.

Beim Wellenlöten mit SnCu empfiehlt sich eine Erhöhung der Vorheiztemperatur auf 120 °C bis 140 °C, die Lotbadtemperatur sollte mindestens 265 °C betragen, darunter erfolgt Brückenbildung. Die Transportgeschwindigkeit sollte auf 1,5 bis 2 m/min verringert werden. Der Einsatz von Stickstoff ermöglicht eine Reduzierung der Lotbadtemperatur.

Die Benetzungszeit ist um den Faktor 2 bis 3 höher, das spezifische Gewicht ist geringer. Es besteht daher eine verstärkte Neigung zur Brückenbildung.

Die Pads für Reflow- und Wellenlöten sollten unterschiedlich sein. Für Reflow sollten die Pads möglichst klein sein, um den Grabsteineffekt, der bei bleifrei wegen höherer Benetzungskräfte verstärkt auftritt, zu reduzieren.

Für das Wellenlöten sollten die Pads möglichst groß sein, um die Nachteile der verlängerten Benetzungszeit auszugleichen. Die Lötrichtung ist bei allen Bauteilen zu beachten. Bei zu engen Abständen benachbarter Bauteile sollten die Abstände wegen der Gefahr der Brückenbildung optimiert werden. Wo immer möglich sollten *Lotfänger* (*solder thieves*) realisiert werden. Beim Wellenlöten von Small-Outline-Bauteilen kann es zu Lötverbindungen zwischen benachbarten Pads kommen. Diese Kurzschlüsse lassen sich durch Lotfänger reduzieren. Lotfänger sind zusätzliche Lötflächen am Beginn oder am Ende jeder Padreihe, welche parallel zur Transportrichtung verläuft. Die Lotfänger werden dort angeordnet, wo die Welle das IC verlässt. Diese Lötflächen bewirken den Abriss der Lotwelle. Die Ausformung der Lotfänger muss in den Layoutregeln festgelegt werden.

Bei der AOI (Automatische Optische Inspektion) ist wegen dem geringeren Glanz der Lötstellen evtl. eine Anpassung von Parametern notwendig.

Bei Nacharbeiten und Reparaturen muss ebenfalls bleifreies Lot verwendet werden. Eine Möglichkeit für manuelle Lötarbeiten stellt die Legierung 99,7 % Zinn mit 0,3 % Kupfer dar, sie ist mit allen möglichen bleifreien Legierungen kompatibel.

2.6.8 Lötverfahren

2.6.8.1 Doppelwellenlöten

Das Schwallbadlöten wird zum Auflöten von elektronischen Bauteilen auf Leiterplatten verwendet. Das flüssige Lot wird gegen die Unterseite einer Leiterplatte gepumpt, die in einem Lötrahmen befestigt ist und mit einem Förderband über die Schwalldüsen hinweg bewegt wird.

Die SMD-Lötung auf der Wellenlötseite stellt hohe Anforderungen an die Technologie des Wellenlötens und führte zu der Entwicklung der Doppelwellen-Lötanlage.

Die erste Welle (Vor- oder Chipwelle) umspült und verlötet das Bauelement, sie benetzt durch turbulenten Strömungsverlauf auch in Ecken und Winkeln dicht bestückter Bereiche mit abgeschatteten Anschlussflächen. Die zweite Welle ist laminar aufgebaut, sie sorgt für die Gleichmäßigkeit der Belotung, entfernt überschüssiges Lot und beseitigt Lötbrücken.

Das Wellenlöten verlangt im Gegensatz zur Reflowlötung deutlich größere Mindestabstände der Bauteile. Es müssen große Rasterabstände für die Bauteilfüße verwendet werden, um Lötfehler zu vermeiden.

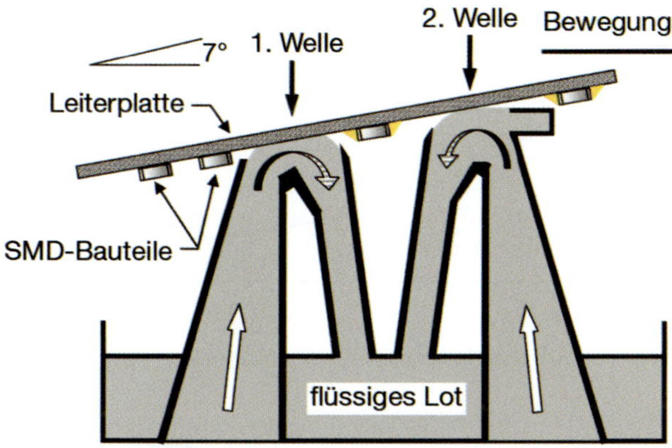

Abb. 64: Schematische Darstellung einer Doppelwellen-Lötanlage

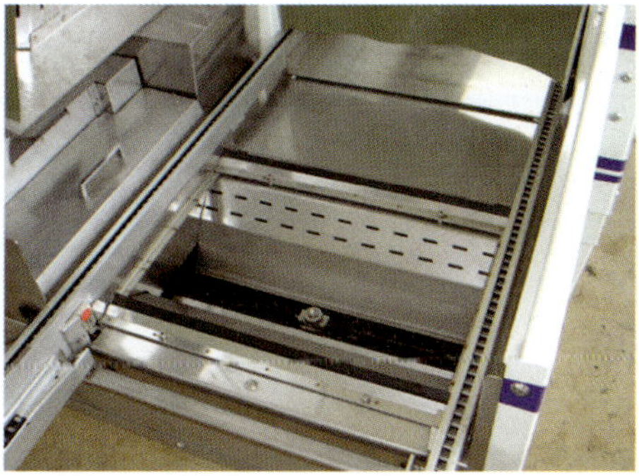

Abb. 65: Blick auf die Doppelwelle einer Schwallbad-Lötstation (links) und auf einen Sprühfluxer (rechts)
Bildquelle: EPM Handels AG

Das Doppelwellenlöten kann auch unter Verwendung von Stickstoff im Lötraum erfolgen. Dies ermöglicht die Verwendung feststoffarmer Flussmittel, die ihrerseits das Waschen der Baugruppen nach dem Löten völlig überflüssig machen.

Das Löten ohne Flussmittel ist nur möglich, wenn die oxidierten Oberflächen vor oder während des Lötprozesses chemisch reduziert werden, z. B. durch Ameisensäure.

Das Doppelwellenlöten ermöglicht ein gleichzeitiges Löten von bedrahteten Bauelementen und SMDs. Von Nachteil ist die hohe Temperaturschockbelastung der SMDs, da diese vollständig in das Lot mit einer Temperatur von ca. 250 °C für eine Zeit von 4 s bis 6 s eintauchen. Um die Anzahl der Lötfehler klein zu halten, muss das Layout auf die SMDs abgestimmt sein. Außerdem müssen die SMDs geklebt werden.

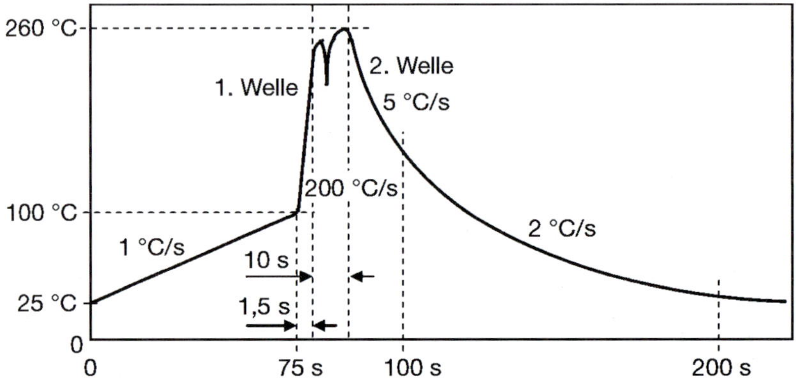

Abb. 66: Beispiel für den zeitlichen Temperaturverlauf einer Baugruppe beim Durchlaufen einer Doppelwellen-Lötanlage

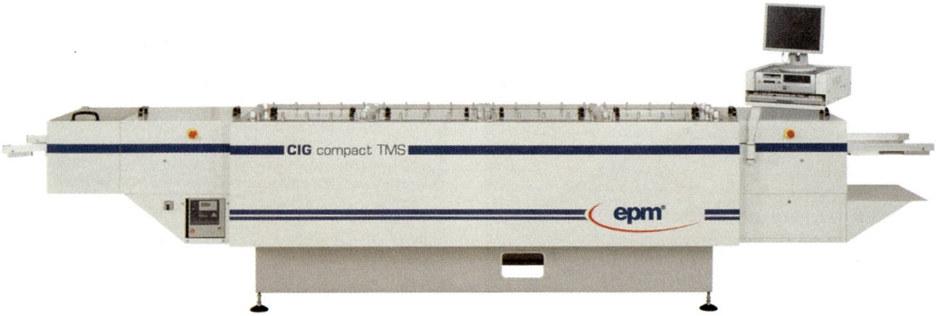

Abb. 67: Eine Wellenlötanlage, das Bild soll einen Eindruck von der ungefähren Größe einer solchen Maschine vermitteln. Bildquelle: EPM Handels AG

2.6.8.2 Infrarot-Reflowlöten

Der Lötprozess ist kontinuierlich. Die Leiterplatten durchlaufen auf einem Transportsystem verschiedene Temperaturzonen in der Anlage, somit hat die Temperatur der Leiterplatte einen bestimmten Zeitverlauf. Je nach Fabrikat der Lotpaste (und normalerweise auch Bestückung der Leiterplatte) benötigt man etwas unterschiedliche Temperaturverläufe (Temperaturprofile), um ein optimales Lötergebnis zu erzielen.

Bei Infrarotanlagen erfolgt die Aufheizung durch geregelte Infrarotstrahler. Ein Problem dieser Anlagen ist, dass die Leiterplatte und die Bauelemente deutlich wärmer werden als die Lotpaste. Daher hat man nur einen sehr engen Temperaturbereich zur Verfügung, in dem die Lotpaste überall aufschmilzt, die Leiterplatte jedoch noch nicht geschädigt wird. Je nach Größe der Leiterplatte und Dichte der Bestückung benötigt man ein anderes Temperaturprofil. Die Änderung der Profile ist mit großem Aufwand verbunden und birgt ein Fehlerrisiko.

Die Erwärmung des Bauelementes erfolgt über die Absorption der IR-Strahlung. Da die metallischen Anschlüsse der Bauelemente die IR-Strahlung reflektieren, weisen sie nur eine geringe Absorption auf.

Die Wärme muss daher vor allem über das Bauelement selbst, über die ebenfalls erwärmte Leiterplatte und die umgebende Luft an die Lötstellen zugeführt werden. Meist arbeitet man mit beidseitig angebrachten Strahlern, um möglichst die gesamte Umgebung der Lötstelle zu erwärmen bzw. vorzuwärmen. Die Temperatur der einzelnen Bauelemente kann sehr unterschiedlich sein.

Die Absorption hängt vom Material und von der Wellenlänge und diese wiederum von der Strahlertemperatur ab. Die Erwärmung großer und dicker SMDs mit höherer Wärmekapazität erfolgt langsamer als die kleiner und dünner Bauteile. Die Lötverbindungen zwischen Gehäuse und Leiterplatte können wesentlich langsamer aufgeheizt werden als die Umgebung. Durch empirisches Verändern der verschiedenen Strahlertemperaturen und der Bandgeschwindigkeit muss erreicht werden, dass an keiner Stelle die minimale Löttemperatur unterschritten und die maximale Temperatur überschritten wird. Gezielte Temperatur-Messungen müssen dies sicherstellen.

Die Temperatur der einzelnen Bauelemente kann beim Infrarot-Reflowlöten sehr verschieden sein. Es besteht die Gefahr, dass kleine SMDs, z. B. Einzelhalbleiter, überhitzt werden. Sind Bauelemente sehr unterschiedlich, so können sie evtl. mit dem Infrarot-Reflowlöten nicht verarbeitet werden.

Wegen Abschattungseffekten und unterschiedlicher Erwärmung von Bauelementen wurde das Infrarotlöten weitgehend durch das Konvektionslöten ersetzt.

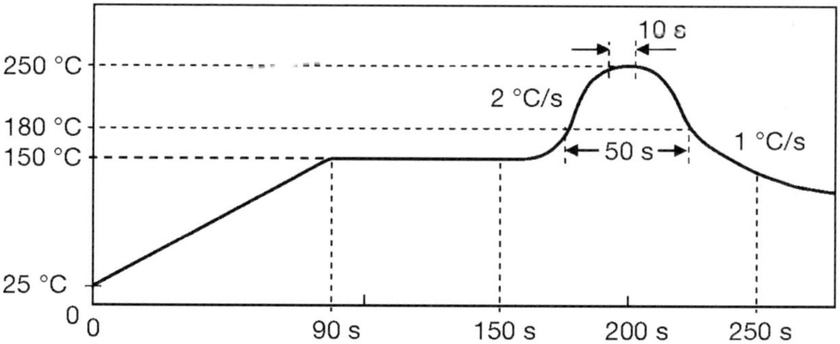

Abb. 68: Zeitlicher Temperaturverlauf einer Baugruppe beim Durchlaufen einer Infrarot-Reflow-Lötanlage (Beispiel)

2.6.8.3 Konvektionslöten

Im Gegensatz zur reinen Infrarot-Lötung erfolgt hier die Erwärmung des Bauelementes durch zirkulierende Heißluft (Zwangskonvektion). Dieses Reflow-Lötverfahren erreicht durch die Zwangsumlüftung eine gleichmäßige Wärmeverteilung. Die Überhitzung einzelner Bauelemente ist somit ausgeschlossen.

Infrarot-Löten und Konvektionslöten sind gleichzeitige Lötverfahren mit hoher Produktivität, sie sind wirtschaftlich und besonders gut geeignet für Serienprodukte. Reflow-Anlagen sind bedienungsfreundlich, ein Temperaturprofil ist allerdings notwendig. Anlagen zum Konvektionslöten benötigen eine sehr hohe Abluftmenge.

Abb. 69: Reflow gelöteter Pin einer integrierten Schaltung in einem SMD-SO-Gehäuse (links), Reflow gelöteter SMD-Chip-Widerstand (rechts)

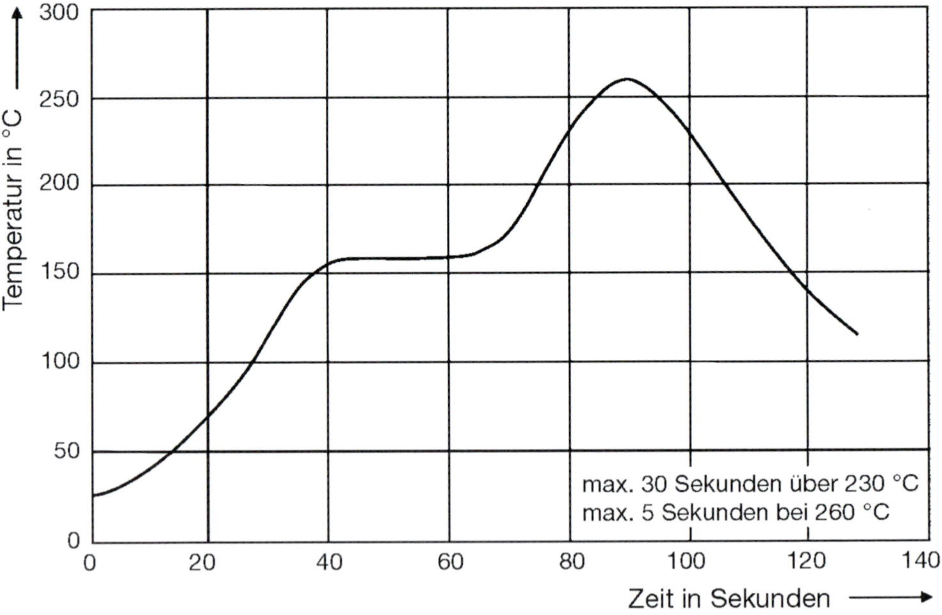

Abb. 70: Ein weiteres Beispiel für ein Temperaturprofil beim Reflowlöten

Abb. 71: Eine Reflow-Lötanlage, das Bild soll einen Eindruck von der ungefähren Größe einer solchen Maschine vermitteln. Bildquelle: DIMA Group B.V.

2.6.8.4 Vapor-Phase-Löten (VP-Löten)

Dieses Verfahren wird auch Dampfphasenlöten, Kondensationslöten oder Vapour Phase Reflow genannt. Dampfphasenlöten weist gegenüber dem Konvektionslöten eine ganze Reihe von Vorteilen auf, wie etwa gleichmäßige Erwärmung nahezu aller Bauelemente, keine Überhitzung, keine Schatteneffekte, Einsatz bleifreier Lote. Dieses Lötverfahren ist für jede Art von SMD-Bauteilen geeignet, die sich alle ohne eine Ermittlung von Temperaturprofilen verarbeiten lassen.

Das Vapor-Phase-Löten ist ein Reflow-Prozess auf einem Temperatur-Niveau bis max. 240 °C. Die Atmosphäre ist sauerstofffrei. Das Lötgut wird durch einen Vorheizprozess auf Vorwärmtemperatur gebracht, ehe es über ein Transportsystem in die Dampfzone eingefahren wird. In der Dampfzone befindet sich eine inerte[5] und elektrisch nicht leitende Flüssigkeit, die auf Siedetemperatur erhitzt wird. Die Siedetemperatur der inerten Flüssigkeit bestimmt die Löttemperatur. Die typische Siedepunktstemperatur beträgt bei Verwendung von bleifreien Loten 230 °C. Über der Flüssigkeit bildet sich

5 Ein Stoff, der inert (lat. iners = träge, untätig, unbeteiligt) ist, beteiligt sich nicht an chemischen Reaktionen.

eine gesättigte, chemisch inerte Dampfzone, deren Temperatur mit dem Siedepunkt der Flüssigkeit identisch ist. Die Dampfzone entspricht einer Schutzgasatmosphäre und schließt Oxidationsvorgänge beim Lötprozess aus. Nach dem Einbringen des Lötgutes kondensiert solange Dampf auf seiner Oberfläche, bis das Lötgut die Temperatur des Dampfes angenommen hat. Die Wärmeenergie des Dampfes wird also auf das Lötgut übertragen. Unabhängig von der Verweilzeit des Lötgutes in der Dampfzone kann seine Temperatur nie höher als die des Dampfes werden. Lotlegierungen mit einer Schmelztemperatur unterhalb der Temperatur des Dampfes werden flüssig. Die Leiterplatte verbleibt 20 s bis 60 s in der Dampfzone mit der Löttemperatur. Das Lötgut trocknet dann und wird über eine Kühlzone der Ausgabestation zugeführt.

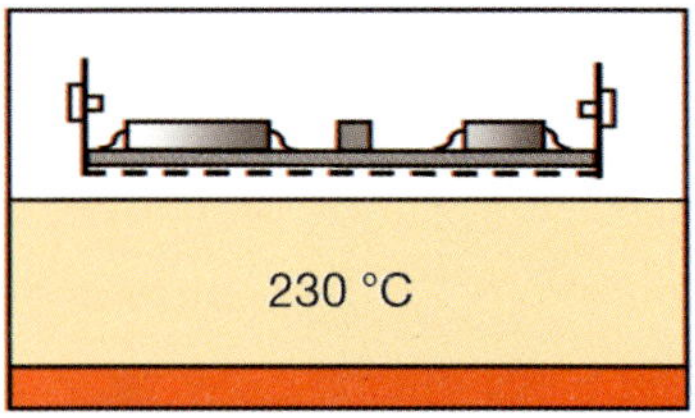

= Dampfzone mit 230 °C
= siedende Flüssigkeit zur Dampferzeugung

1. Die Baugruppe befindet sich unmittelbar über der Dampfdecke. Sie wurde in einer Infrarot-Vorheizung vorgewärmt oder die Vorwärmung erfolgt in der Dampfzone.

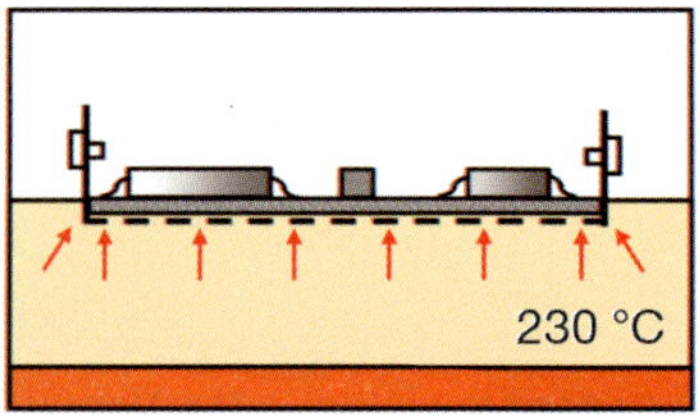

2. Die Baugruppe wird in die Dampfzone hinein gefahren. Diese Einfahrt kann so gesteuert werden, dass ein sehr sanfter Temperaturanstieg realisiert wird.

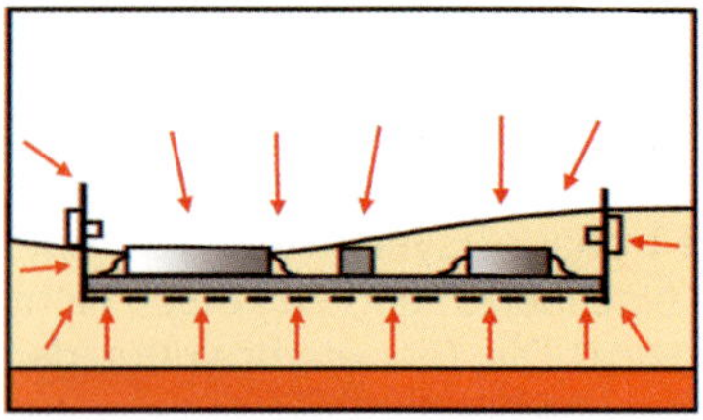

3. Der Dampf kondensiert auf dem Lötgut und überträgt seine Wärme. Da der Dampf chemisch inert ist und sich kein Sauerstoff in dieser Zone befindet, kann das Lötgut nicht oxidieren.

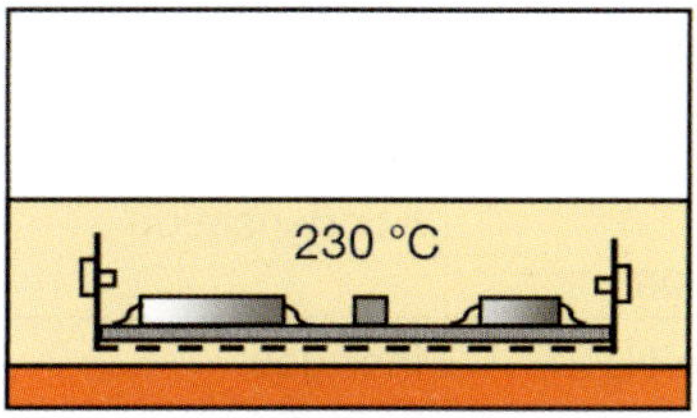

4. Das Lötgut erwärmt sich maximal auf die Temperatur des Dampfes. Auch bei längerer Verweilzeit kann diese Temperatur nicht überschritten werden.

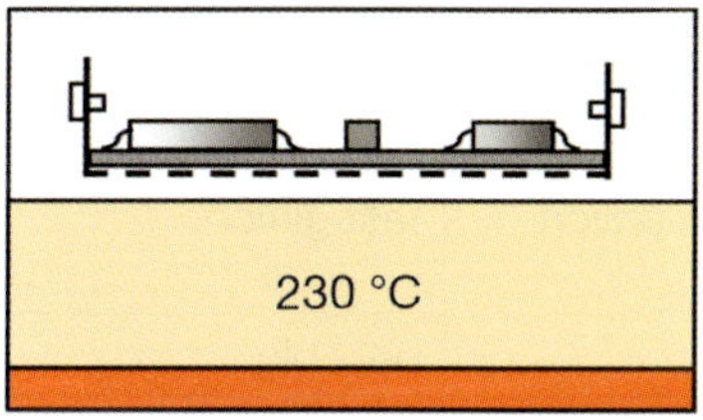

5. Nachdem die Baugruppe aus der Dampfzone herausgefahren wurde, verdampft durch ihre Eigenwärme das noch auf ihr befindliche Kondensat rückstandsfrei. Die Baugruppe fährt trocken aus der Anlage aus.

Abb. 72: Prozessablauf der Wärmeübertragung in der Dampfphase beim Vapor-Phase-Löten (Quelle: ibl-Löttechnik)

Das Vapor-Phase-Löten ist ein simultanes Lötverfahren mit hoher Produktivität und einer maximalen Temperatur von 230 °C. Es ist für alle SMDs geeignet, eine Überhitzung der Bauteile kann durch eine homogene Temperaturverteilung nicht erfolgen. Die Lötparameter sind einfach einzustellen, eine Ermittlung eines Temperaturprofils ist nicht nötig. Während des Betriebes wird Flüssigkeit zur Dampferzeugung verbraucht.

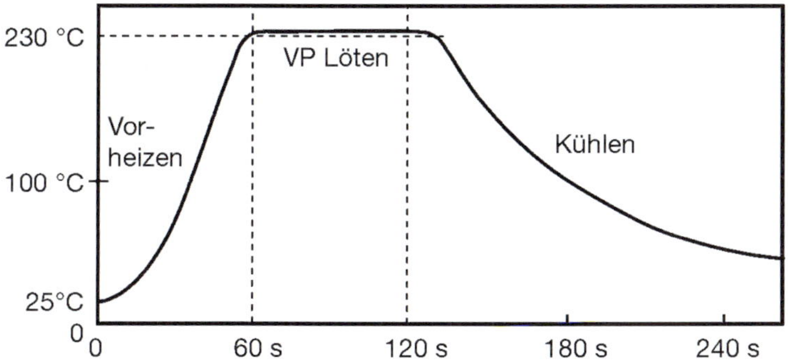

Abb. 73: Beispiel eines Temperaturprofils beim Vapor-Phase-Reflowlöten

Merkmal	Lötarten		
	Infrarot	Konvektion	Vapor-Phase
Physikalisches Prinzip	IR-Strahlung	Zwangs-konvektion	Kondensation
Lötatmosphäre	Luft oder N_2	Luft oder N_2	Inertgas (0 ppm O_2)
Einstellung der Lötparameter	aufwendig	weniger aufwendig	einfach
Temperaturprofil	bauelement-abhängig	bauelement-abhängig	keines notwendig
Wärmebelastung der Bauelemente	sehr unterschiedlich	unterschiedlich	fast gleich
Losgröße	möglichst groß	mittel	beliebig
Aussehen der Lötstelle	etwas matt (Luft)	etwas matt (Luft)	glänzend
Eignung für Reparatur hochpoliger ICs	schlecht geeignet	schlecht geeignet	gut geeignet

Tabelle 5: Übersicht der Merkmale des Infrarot-, Konvektions-, und Vapor-Phase-Lötens

2.6.8.5 Bügellöten

Das Bügellöten (Stempellöten) ist ein Selektivlötverfahren, es wirkt auf einzelne Bereiche oder einzelne Kontaktstellen. Es ist auf bedrahtete SMD-Bauteile beschränkt und wird nur für hochpolige ICs verwendet. Benötigt wird ein massives Lotdepot von mindestens 20 µm gleichmäßiger Dicke auf den Anschlussflächen. Ein ein- oder mehrteiliger elektrisch beheizbarer Bügel (Stempel) drückt die Bauteilfüße auf die Anschlussflächen und schmilzt das Lot auf. Der Stempel, der aus einem mit Lot nicht benetzbarem Material besteht, wird abgekühlt und von der erstarrten Lötstelle entfernt. Nachteilig bei diesem Verfahren sind die mechanischen Spannungen, die durch die deformierten Bauteilfüße erzeugt werden. Durch speziell geformte Bügel werden nur die Anschlussflächen erwärmt und die Bauteile thermisch nur wenig gestresst.

Das Bügellöten wendet man nur dann an, wenn alle anderen Lötmethoden nicht mehr praktikabel sind. Es werden nur die Anschlüsse der Bauteile auf Löttemperatur erwärmt, auch nicht koplanare Anschlüsse können gelötet werden. Die Rasterabstände können geringer sein als beim Löten mit Lotpaste. Die Bauelemente werden einzeln aufgelötet, daher ist ein eigenes Werkzeug für jede Bauform notwendig. Die Lötgeschwindigkeit ist gering. Die Fußlänge der SMD-Bauteile muss ausreichend groß sein.

2.6.8.6 Reflowlöten mit Laserstrahl

Mit einem Laserstrahl können kleinste Bereiche auf einer Leiterplatte innerhalb kürzester Zeit auf Löttemperatur erwärmt werden. Die Vorteile des Lasers liegen in der sehr kurzen Aufwärmzeit und der sehr begrenzten Erwärmung der Lötstelle. Übliche Lötzeiten betragen 0,2 s bis 0,4 s. Durch diese kurze Lötzeit werden die Bauteile thermisch nicht belastet, ein Ablegieren der Leiterbahn wird vermieden und es wird eine sehr feine Kristallstruktur im Lot erzeugt. Die Wärmemenge kann sehr genau dosiert werden. Beim Laserlöten erfolgt ein selektiver Eintrag der Wärmemenge nur dort, wo sie benötigt wird. Die Erwärmung von Orten, wo die Wärme stört, ist nur gering. Auch schwer zugängige Lötstellen, die z. B. beim Wellenlöten Probleme bereiten, sind mit dem Laserstrahl zu erreichen. Nachteilig am Laserlöten sind die sehr hohen Investitionskosten und der durch das serielle Verfahren langsame Gesamtprozess.

2.6.8.7 Selektives Löten

Worin unterscheiden sich Selektiv- und Wellenlötprozess? Der bedeutsamste Unterschied ist sicherlich, dass beim Wellenlöten die komplette Leiterplattenunterseite mit allen Komponenten mit flüssigem Zinn in Berührung kommt. Beim selektiven Löten berührt das Lot nur teilweise die Leiterplattenunterseite. Benachbarte Komponenten oder Bereiche werden dabei nicht (wieder) aufgeschmolzen.

Selektives Löten ist ein Prozess, bei dem Durchsteckkomponenten einer Leiterplatte (wie z. B. Stecker, Messerleisten) an der Unterseite gelötet werden können. Beim Wellenlötprozess werden die Leiterplatten über ein Transportsystem geradlinig über eine stationär eingebaute Lotwelle geführt. Beim Selektivlötprozess werden die Leiterplatten über ein Robotersystem zu speziellen Lötmodulen bewegt (eine oder mehrere Lötdüsen). Dies kann auf unterschiedliche Art und Weise erfolgen, indem man entweder die Leiterplatte über eine ablaufende Welle bewegt, oder die Leiterplatte in eine oder mehrere Düsen eintaucht (Tauchlöten). Für die zu lötende Leiterplatte wird jeweils der günstigste Prozess gewählt.

2.6.9 Weitere Verarbeitungsbedingungen

Die Lötbarkeit der Bauteilanschlüsse, die Empfindlichkeit gegen Umgebungsfeuchte der Bauteile und die elektrostatischen Bedingungen bei der Verarbeitung von Bauelementen sind bei der Produktion elektronischer Baugruppen zu beachten.

2.6.9.1 Lötbarkeit der Bauelemente

Die ausreichend dicke Metallisierung der Oberfläche der meisten Bauteilanschlüsse garantiert eine gute Lötbarkeit auch nach langer Lagerzeit. Eine einfache Bewertungs- und Prüfmethode für die Lötbarkeit von SMD-Bauelementen kann darin bestehen, dass die Bauelemente in ein Lotbad getaucht und die Anschlüsse anschließend optisch bewertet werden. Als Kriterium kann festgelegt werden, dass mindestens 95% der Fläche benetzt sein müssen, damit eine gute Lötbarkeit gewährleistet ist und die Bauteile verarbeitet werden dürfen.

Zur Beurteilung der Lötbarkeit kann auch die *Benetzungskraft* dienen. Eine Probe wird in ein Lot eingetaucht und die dazu notwendige Kraft gemessen. Bis zum ersten Maximalwert der Kraft wirkt der beim Eintauchen entstehende Auftrieb, die Probe wird nach oben in positiver Kraftrichtung gedrückt. Diesem Auftrieb wirkt mit beginnender Benetzung eine Kraft in negativer Kraftrichtung entgegen, welche die Probe in das Lotbad zieht. Der zweite Maximalwert entsteht beim Herausziehen der Probe aus dem Lotbad. Die Kraftänderungen, der Anstieg und die Benetzungszeiten sind ein Maß für die Lötbarkeit der Oberflächen in Wechselwirkung mit dem Lot und dem Flussmittel. Die Bewertung der Kurven erfordert einige Erfahrung, da kein Bezug auf eine einheitliche Messgröße besteht.

Ebenso wie die Benetzungskraft kann auch der *Benetzungswinkel* zur Bewertung der Lötbarkeit dienen. Der Benetzungswinkel kann sehr exakt durch optische Messungen bestimmt werden. Ein flacher Benetzungswinkel von ca. 35° weist auf gute Lötbarkeit hin (siehe auch Abb. 61).

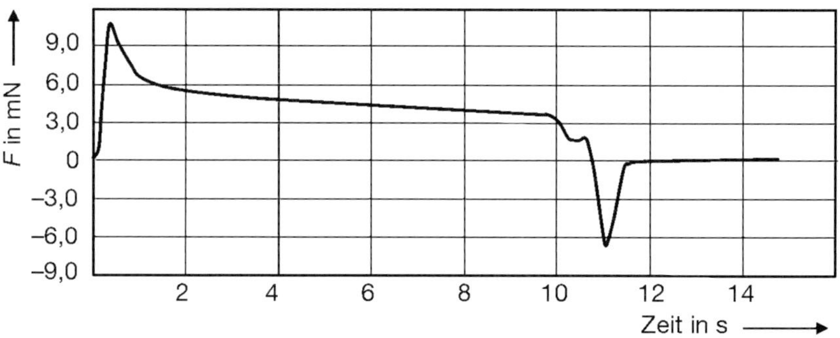

Abb. 74: Beispiel für den Verlauf der Benetzungskraft beim Eintauchen einer Leiterplatte in ein Lotbad

2.6.9.2 Löten von bedrahteten Bauelementen

Bei der Lötung sollte auf verspannungsfreie Fixierung der Bauelemente geachtet werden. Bei Kolbenlötung darf das Gehäuse nicht mit dem Lötkolben berührt werden. Von den Bauelementeherstellern werden Lötzeiten angegeben, welche abhängig von der Anschlusslänge L nicht überschritten werden dürfen. Der Lötabstand L wird zwischen Lötstelle und Gehäuse gemessen, bei durchmetallisierter Bohrung ist der Abstand zur Unterseite der Leiterplatte zu subtrahieren.

Anschlusslänge L in mm	0,5	1,5	5
Löttemperatur 245 °C	4 s	5 s	10 s
Löttemperatur 265 °C	3 s	4 s	8 s
Löttemperatur 300 °C	2 s	3 s	5 s

Tabelle 6: Beispiel für Lötbedingungen bei bedrahteten Bauelementen

2.6.9.3 Verarbeitung feuchteempfindlicher Bauelemente

Wasser wird durch Kunststoffe absorbiert. Es dringt durch Diffusion in Kunststoffgehäuse ein und reichert sich im Bauelement an. Dadurch ändern sich im Allgemeinen die mechanischen Eigenschaften der befeuchteten Pressmassen oder Kleber. Ein Spalt zwischen zwei Materialien stellt bei der Verarbeitung solcher Bauelemente ein besonders hohes Risiko dar. Die Erwärmung eines Bauelements im Lötprozess führt dann zu Schäden. Eine umhüllende Pressmasse kann verformt (aufgewölbt) werden, verformte Gehäuseteile können aufplatzen (*Popcorn-Effekt*).

Ein Lötprozess kann daher nur sicher beherrscht werden, wenn außer einer Optimierung der eingesetzten Werkstoffe auch eine Kontrolle des Wassergehaltes der Bauelemente stattfindet. Der Aufwand hierfür ist erheblich. Die Feuchteabsorption durch ein ungeschütztes Kunststoffgehäuse führt oft zu einer Konzentration von Feuchte im Bauelement, die beim Löten durch den Temperaturschock für eine Zerstörung des Gehäuses ausreicht. Die Durchfeuchtung der Gehäuse-Pressmasse von feuchtigkeitsempfindlichen Bauteilen (*MSD, Moisture Sensitive Devices*) erfolgt im Allgemeinen durch die Umgebungsluft innerhalb weniger Tage. Deshalb ist es notwendig, feuchteempfindliche Bauelemente zu trocknen, in einen wasserundurchlässigen Beutel einzuschweißen und die Verpackung erst unmittelbar vor der Lötung auf die Leiterplatte zu öffnen. Die zulässige Dauer des ungeschützten Aufenthalts in einem wirklichkeitsnahen Feuchteklima (z. B. 30 °C, 60 % rel. Feuchte) ist ein Maß für die Empfindlichkeit des Bauelements gegen Umgebungsfeuchte (*MSL, Moisture Sensitivity Level*).

2.6.9.4 ESD-Schutzmaßnahmen

ESD ist die Abkürzung für *Electrostatic Discharge* (elektrostatische Entladung). Halbleiter-Bauelemente sind im Allgemeinen elektrostatisch gefährdet. Bei ihrer Handhabung und Verarbeitung müssen spezielle Vorsichtsmaßnahmen getroffen werden. Nur so wird sichergestellt, dass die Bauelemente ohne Schädigung in Baugruppen verbaut werden.

Eine Entladung von elektrostatisch geladenen Objekten über ein IC oder einen (besonders gefährdeten) Feldeffekttransistor, z. B. bei der Berührung durch Menschen oder Verarbeitungsmaschinen, kann zu hohen Strom- bzw. Spannungsbelastungen (bis zu 30 000 Volt) führen. Empfindliche Halbleiterstrukturen können dadurch geschädigt oder zerstört werden. Andererseits können ICs bei der Verarbeitung auch selbst aufgeladen werden. Eine zu schnelle Entladung, z. B. durch eine so genannte »harte« Erdung, kann ebenfalls Belastungsspitzen und Schädigungen bewirken. ESD-Schutzmaßnahmen müssen daher den Kontakt zu geladenen Teilen und auch die Aufladung der Bauteile selbst unterbinden. Die ESD-Schutzmaßnahmen beinhalten sowohl die Handhabung und Verarbeitung als auch die Verpackung von elektrostatisch gefährdeten Bauelementen. Hierzu folgen einige Hinweise.

Arbeitsplatzausstattung

- Kennzeichnung der ESD-Schutzzonen
- Zugangskontrollen mit Test des Handgelenk-Erdungsbandes und Schuhwerks

- Ableitfähiger und geerdeter Fußboden, ableitfähige und geerdete Arbeits- und Abstellflächen, ableitfähige Stühle
- Anschluss für Handgelenk-Erdungsband
- Transportwagen mit ableitenden Flächen und Rädern, geeignete Transport- und Lagerbehälter

Personenausstattung

- ableitfähiges Schuhwerk oder Fersenband, geeignete Arbeitskittel
- Handgelenk-Erdungsband mit Sicherheitswiderstand
- regelmäßige Unterweisung der Mitarbeiter

Fertigungsanlagen und Verarbeitungswerkzeuge

- Maschinen- und Werkzeugteile aus ableitfähigen oder metallischen Materialien
- Sicherer Anschluss aller Teile an Erdpotenzial
- Keine Potenzialdifferenz zwischen einzelnen Maschinen- und Werkzeugteilen

3 Bestückung von Baugruppen

Sind große Mengen von Leiterplatten mit elektronischen Bauteilen zu bestücken, so lohnt sich für die Bestückung der SMD-Bauteile der Einsatz eines SMD-Bestückungsautomaten. Bei Bestückungsautomaten befinden sich die SMD-Bauteile »gegurtet« auf Rollen oder in Stangenmagazinen. Ein fahrbarer Kopf greift sich mit mehreren Ansaugdüsen (engl. *nozzles*) aus eingehängten Bauteilmagazinen (*Blistergurte*) die entsprechenden SMD-Bauteile, dreht sie in die richtige Position, zentriert und misst die Bauteile über eine CCD-Kamera mit intelligenter Bilderkennung und platziert sie auf dem jeweiligen, noch unausgehärteten Lotpastenauftrag. Dies alles erfolgt sehr schnell, es werden hohe Fertigungsstückzahlen erreicht.

3.1 Maschinenkonzepte zur SMD-Bestückung

SMD-Bestückungssysteme basieren auf unterschiedlichen Konzepten zur Bestückung. Folgende vier Methoden werden unterschieden, welche näher erläutert werden:

- manuelle Bestückung
- automatische sequenzielle Einzelbestückung
- automatische Sequenziell-/Simultanbestückung
- automatische Simultanbestückung.

3.1.1 Manuelle Bestückung (Handbestückung)

Mit manuellen Bestückungsplätzen können SMD-Bauteile von Hand auf Leiterplatten bestückt werden. Meist bestehen diese Arbeitsplätze aus einer Vorrichtung auf einem Tisch, welche eine Bauelementezuführung in Form eines Karussells, eine Halterung für die Leiterplatte, eine Arm- oder Handablage und ein handgeführtes Bestückungswerkzeug mit Saugpipette (Handmanipulator) umfassen. Die Bauteile werden in einem Karussell als Schüttgut oder über *Feeder* (Zuführmodule für Bauelemente) bereitgestellt, von einer in der Hand gehaltenen oder mit Hilfe einer Vorrichtung geführten Vakuumpinzette aufgenommen, mit einem manuell bewegten x/y-Arm positioniert und dann auf die Leiterplatte abgesetzt.

Um eine höhere Bestückungsgenauigkeit zu erreichen, sind manche Plätze zur Handbestückung mit optischen Hilfsmitteln ausgestattet. Dies können Lupen oder integrierte Mikroskope sein. Sind Kamerasysteme vorhanden, so ist eine vergrößerte Betrachtung der Bestückungsposition mit dem platzierten Bauteil auf einem Bildschirm möglich. Was früher bei Handbestückungstischen für bedrahtete Bauelemente üblich war, wird auch bei SMD-Handbestückungsplätzen verwendet: Ein Lichtstrahl zur Anzeige der Bestückungsposition. Mit einem hellen Laserpunkt wird auf der Leiterplatte der Ort des Bauelementes angezeigt, welches als Nächstes bestückt werden soll. Je nach Maschine können für Bauteile eigene Lichtsymbole erstellt werden, und die Symbolführung kann an unterschiedliche Baugruppen, Leiterplatten und Bauteilarten angepasst werden. Auf diese Weise werden Bestückungsfehler vermieden.

Die manuelle Bestückung wird hauptsächlich zur Herstellung von Labormustern und Prototypen, bei Reparaturarbeiten und der Fertigung von Kleinserien eingesetzt. Aufgrund der geringen Bestückungsleistung von ca. 500 Bauelementen pro Stunde ergeben sich im Vergleich zu den um ein Vielfaches leistungsfähigeren Bestückungsautomaten sehr hohe Bestückungskosten. Kleine Rastermaße und Bauformen ergeben hohe Anforderungen an die Genauigkeit der Platzierung und erfordern ein äußerst exaktes Arbeiten. Wird auf Lotpaste bestückt, so sollte nach dem Absetzen eines Bauelementes die Bestückungsposition nicht mehr korrigiert werden, da sonst Lötbrücken durch ein Verschmieren der Lotpaste entstehen können.

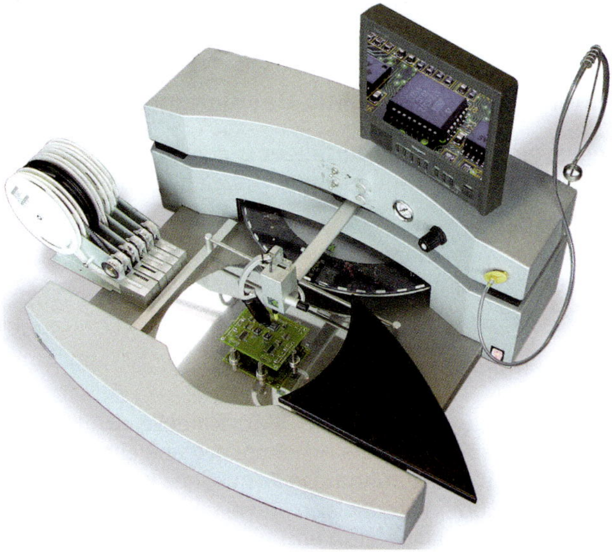

Abb. 75: Arbeitsplatz mit Kamera zur manuellen Bestückung von SMD-Bauelementen
Bildquelle: DIMA Group B.V.

3.1.2 Automatische sequenzielle Einzelbestückung

Bei dem Konzept der automatischen sequenziellen Einzelbestückung werden die Bauelemente durch einen programmgesteuerten Automaten einzeln aus den Zuführmodulen aufgenommen, in Bestückungsposition gebracht und einzeln wieder auf die Leiterplatte abgesetzt.

Automatische sequenzielle Einzelbestücksysteme sind sehr flexibel bezüglich Anzahl und Bauformen verarbeitbarer Bauelemente. Da die Umrüstzeiten[6] kurz sind, können

6 Als Rüsten wird die Tätigkeit bezeichnet, eine Maschine für einen bestimmten Bearbeitungsvorgang einzurichten.

auch kleine Losgrößen wirtschaftlich gefertigt werden.

Bei sequenziellen Einzelbestücksystemen werden verschiedene Verfahren unterschieden:

- *Pick & Place*
- *Chip Shooter*
- *Collect & Place* (eine Chip Shooter Variante mit zwei Revolverköpfen)
- *Collect & Pick & Place* (mit zwei unterschiedlichen Bestückungsköpfen)

Bei Pick & Place Automaten wird jeweils ein Bauelement von der Abholposition im Zuführmodul aufgenommen, zur Bestückungsposition transportiert und auf der Leiterplatte abgesetzt.

Bei Chip Shooter Maschinen erfolgt das Aufnehmen und Absetzen des zu bestückenden Bauelementes ebenfalls sequenziell. Um eine hohe Bestückungsleistung (Bauteile pro Zeiteinheit) zu erreichen, werden jedoch mehrere Bauelemente gleichzeitig von der Abhol- zur Bestückungsposition transportiert.

3.1.3 Automatische Sequenziell-/Simultanbestückung

Bei der automatischen Sequenziell-/Simultanbestückung werden mehrere Bauelemente gleichzeitig von einem Bestückungskopf mit Mehrfachaufnahme aus dazu passenden Zuführmodulen aufgenommen und anschließend nacheinander (einzeln oder mehrere gleichzeitig) auf die Leiterplatte gesetzt. Die Bestückungsposition eines Bauteils (oder mehrerer nebeneinander liegender Bauteile) wird angefahren, indem der kammähnliche Bestückungskopf und die Leiterplatte rechtwinklig zueinander verfahren werden.

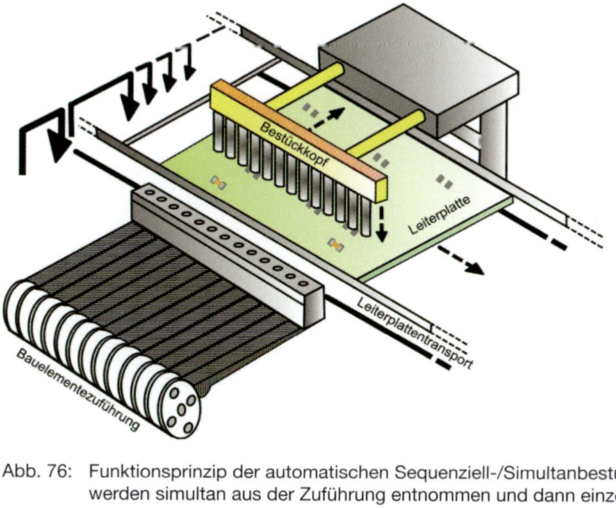

Abb. 76: Funktionsprinzip der automatischen Sequenziell-/Simultanbestückung. Mehrere Bauelemente werden simultan aus der Zuführung entnommen und dann einzeln (oder mehrere nebeneinander liegende) auf die Leiterplatte abgesetzt.

Da Zuführmodule und Bestückungskopf konstruktiv aufeinander angepasst sein müssen, können nicht alle Typen von Bauelementen verarbeitet werden. Die Bestückung von Leiterplatten mit unterschiedlichen Layouts ist aber möglich. Eine hohe Anzahl von Saugpipetten im Bestückungskopf erschwert eine Optimierung der Bestückungsleistung. Wird der Bestückungskopf auf das simultane Setzen von Bauelementen innerhalb eines Leiterplattennutzens ausgelegt, lässt sich die Bestückungsleistung erhöhen. Die typische Bestückungsleistung von sequenziell-/simultan arbeitenden Bestückungsautomaten beträgt ca. 15000 Bauelemente pro Stunde.

3.1.4 Automatische Simultanbestückung

Durch das Konzept der automatischen Simultanbestückung soll eine möglichst hohe Bestückungsleistung erreicht werden. Ein spezieller Bestückungskopf entnimmt aus den Zuführmodulen gleichzeitig eine große Anzahl an Bauelementen und setzt sie in einem einzigen Arbeitsschritt auf die Leiterplatte.

Da viele Bauelemente vom Bestückungskopf sowohl gleichzeitig aufgenommen als auch abgesetzt werden, wird eine sehr hohe Bestückungsleistung mit bis zu 300000 Bauelementen pro Stunde erreicht. Die Bestückungskosten sind entsprechend niedrig. Da die Bestückungswerkzeuge im Bestückungskopf starr angeordnet sind, muss dieser auf Größe und Layout der zu bestückenden Leiterplatte abgestimmt sein. Dies gilt ebenfalls für die Zuführmodule. Wegen der geringen Genauigkeit ist auch die Art der bestückbaren Bauelemente auf zweipolige Chip-Bauelemente und kleine Bauelemente mit wenigen Anschlüssen eingeschränkt. Da die wichtigsten Komponenten des Automaten schaltungs- und produktspezifisch ausgelegt sind, ist der Umrüstaufwand bei einem Loswechsel sehr hoch. Deshalb werden Simultanbestücker relativ selten und ausschließlich bei Produkten mit höchsten Stückzahlen eingesetzt.

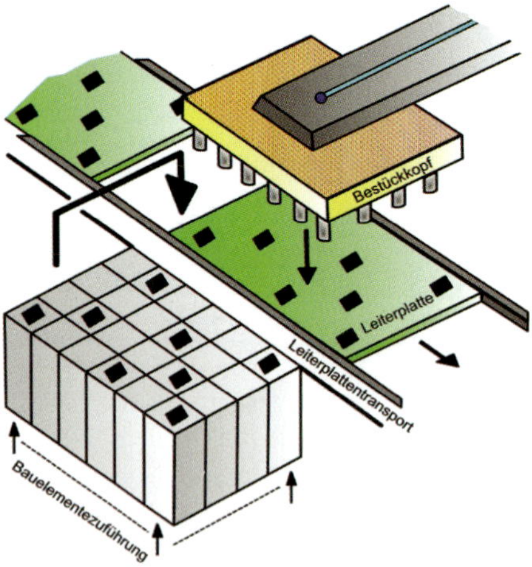

Abb. 77: Funktionsprinzip der simultanen Bestückung. Viele Bauelemente werden gleichzeitig aus der Zuführung entnommen und gleichzeitig auf die Leiterplatte gesetzt.

3.1.5 Zusammenfassung

Mit steigender Bestückungsleistung nimmt die Flexibilität bezüglich Anzahl, Bauformen und Anlieferzustand der zu bestückenden Bauteile und hinsichtlich der Bestückbarkeit von Leiterplatten mit unterschiedlichem Layout ab. Sequenziell/simultane und besonders simultane Bestückungssysteme sind deshalb weit weniger verbreitet als sequenzielle Bestückungssysteme.

3.2 Bestückungsverfahren

3.2.1 Pick & Place

Bei Pick & Place Automaten läuft der komplette Bestückungsvorgang der Bauelemente sequenziell ab. Der Bestückungskopf holt ein Bauelement aus einem Zuführmodul (Pick), transportiert es zur Bestückungsposition und setzt es auf die Leiterplatte (Place). Erst danach wird das nächste Bauelement aus einem Zuführmodul abgeholt.

Um ein Bauelement aufzunehmen und zu bestücken, muss der Bestückungskopf relativ zum Zuführmodul und zur Leiterplatte positioniert werden. Hierfür sind zwei konstruktive Varianten möglich, welche beide bei SMD-Bestückungsautomaten eingesetzt werden.

Steht die Leiterplatte bei der Bestückung in einer festen Position, so muss der Bestückungskopf in zwei Achsen positionierbar sein (*x-/y-Positionierung, zweiachsiges Portalsystem*). Die Leiterplattenbewegung dient dann nur ihrem Transport. Kann eine Leiterplatte für die Bestückung in unterschiedliche Positionen einer Achse (z. B. vorwärts und rückwärts in Transportrichtung) gebracht werden, so genügt für den Bestückungskopf eine Positionierbarkeit in der dazu senkrechten Achse (einachsiges Portalsystem). Wird die Leiterplatte in Bestückungspositionen bewegt, so erfolgt dies schnell, um eine hohe Bestückungsleistung zu erreichen. Dadurch treten aber hohe Beschleunigungskräfte auf, durch die bereits bestückte Bauteile auf der Leiterplatte verrutscht werden können. Um eine Reduzierung der Bestückungsgeschwindigkeit zu vermeiden, werden Systeme mit bewegten Leiterplatten nur selten eingesetzt.

Pick & Place Bestückungssysteme werden überwiegend zur Bestückung von hochpoligen Bausteinen und Fine Pitch-Bauelementen eingesetzt. Diese Maschinen sind äußerst flexibel und können mit automatischen Bauelementezuführungen für unterschiedliche Gehäuseformen versehen werden. Außerdem können unterschiedliche Gehäusetypen bezüglich der Dynamik der Bewegung beim Transport des Bauteils, der Kraft beim Absetzen auf die Leiterplatte und der Bewegungsrichtung individuell behandelt werden. Erhöht wird die Bestückungssicherheit durch den Einsatz von Vision-Systemen und Messsystemen zur Überprüfung der Koplanarität der Bauelementeanschlüsse. Das Vorhandensein eines Bauteils an der Saugpipette und auch deren Verschmutzungsgrad kann direkt nach dem Abholen über eine Vakuumabfrage überprüft werden.

Natürlich sind Pick & Place Systeme auch zur Bestückung von Standardbauelementen geeignet, mit ihnen können nahezu alle Arten von Bauelementen (auch sehr kleine) mit hoher Genauigkeit bestückt werden (General Purpose Placer). Bei sehr großen Stückzahlen zu bearbeitender Leiterplatten sind aber zur Bestückung von Standardbauelementen Collect & Place oder Chip Shooter Systeme wegen ihrer höheren Bestückungsleistung und dadurch geringerer Bestückungskosten zu bevorzugen.

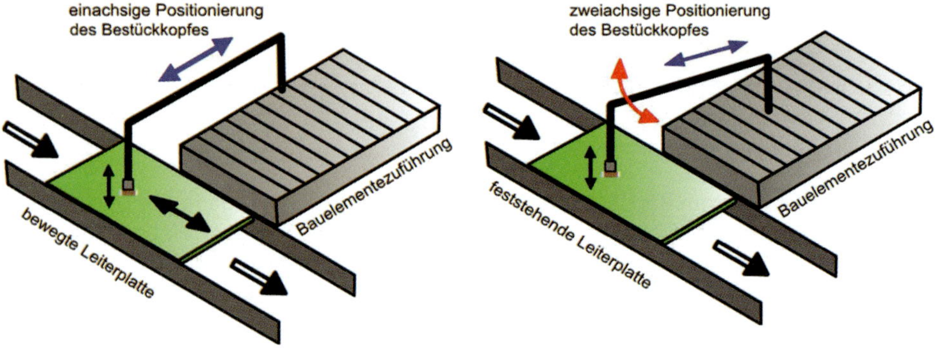

Abb. 78: Einachsiges (links) und zweiachsiges (rechts) Positioniersystem für den Bestückungskopf (schematische Darstellung)

Abb. 79: Eine integrierte Schaltung wird von einem Bestückungskopf auf die Leiterplatte gesetzt (Uni Gießen)

3.2.2 Chip Shooter

Ist die Anzahl zu bestückender Leiterplatten sehr hoch, so erreichen Pick & Place Bestückungssysteme nicht die nötige Bestückungsleistung. Wie bereits erwähnt, werden sie daher hauptsächlich zur Bestückung von Bauteilen mit vielen Anschlüssen und von Fine Pitch-Bauelementen (Fine Pitch Placer) verwendet.

Die Bestückung von Standardbauelementen (Widerstände, Kondensatoren und Dioden als Chips, einzelne Transistoren und andere niedrig-polige Bauelemente) wird von Chip Shooter Maschinen durchgeführt. Bei ihnen ist das Konzept des Pick & Place auf eine möglichst hohe Bestückungsleistung ausgelegt, auch wenn dies eine Reduzierung der Flexibilität erfordert.

Eine Arbeitsteilung wird ermöglicht, indem Pick & Place Maschinen für Fine Pitch Bauelemente mit Chip Shooter Maschinen für Standardbauelemente verkettet werden. Jede Maschine bestückt dann die entsprechenden Bauelemente, die jeweiligen Vorteile, Genauigkeit und Geschwindigkeit, werden ausgenützt.

Bei Chip Shooter Systemen gibt es unterschiedliche konstruktive Maßnahmen, um eine hohe Bestückungsleistung zu erreichen. Diese Konzepte werden nachfolgend beschrieben.

3.2.2.1 Bestückungskarussell mit feststehender Bauelementezuführung

Der Hauptbestandteil dieses Chip Shooter Systems ist ein großes, ortsfestes Bestückungskarussell (horizontaler Revolverkopf) mit bis zu 120 Saugpipetten. Aus feststehenden Zuführmodulen in der Kreisperipherie dieses Bestückungskarussells werden die Bauelemente von den Saugpipetten aufgenommen. Das Karussell wird gedreht, bis sich eine Saugpipette mit dem zu bestückenden Bauteil über der Leiterplatte befindet. Damit die Saugpipette über die Bestückungsposition gelangt, wird die Leiterplatte während der Karusselldrehung in zwei Achsen verschoben.

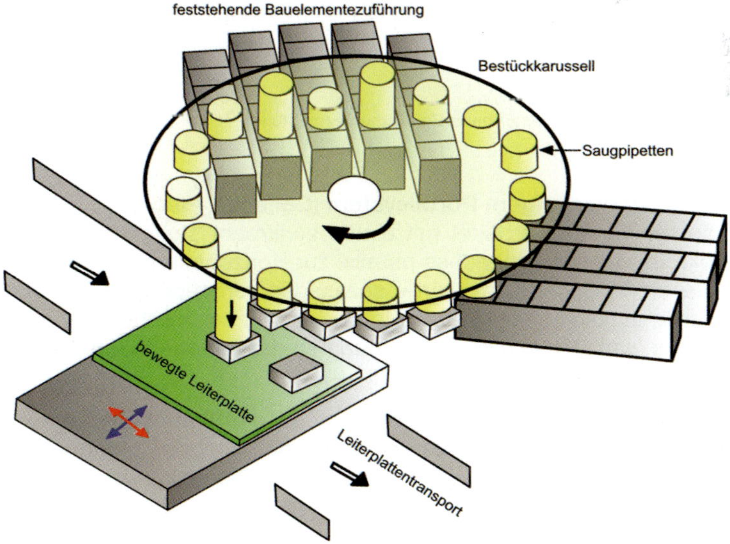

Abb. 80: Prinzip des Chip Shooters mit ortsfestem Bestückungskarussell und feststehenden Zuführmodulen

3.2.2.2 Revolverkopf mit verfahrbarer Bauelemente-Zuführung

Eine weit verbreitete Variante der Chip Shooter besitzt Zuführmodule auf einem verfahrbaren Tisch. Dadurch kann auf eine höhere Anzahl von Bauelementezuführungen zugegriffen werden als bei feststehenden Zuführmodulen.

Das Absetzen eines Bauelements auf die Leiterplatte und die Aufnahme eines neuen Bauelements aus einem Zuführmodul erfolgt gleichzeitig. Während der Revolverkopf (das Bestückungskarussell) um einen Schritt weiterdreht, wird die Leiterplatte für das nächste zu bestückende Bauelement positioniert und der Bauelementetisch (falls notwendig) verfahren.

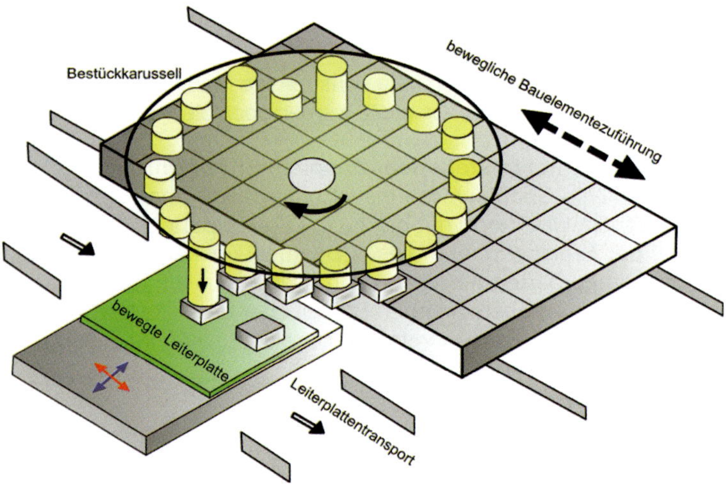

Abb. 81: Chip Shooter mit Revolverkopf und verfahrbarer Bauelementezuführung

3.2.2.3 Revolverkopf an zweiachsigem Portalsystem (Collect & Place)

Eine weitere Chip Shooter Variante arbeitet mit einem senkrecht stehenden Revolverkopf (Bestückungskopf), dessen Drehachse parallel zur Horizontalen verläuft. Das waagrecht liegende Bestückungskarussell wurde sozusagen senkrecht gestellt, und das Absetzen der Bauteile auf die Leiterplatte erfolgt nicht mehr senkrecht zur liegenden Fläche des Karussells, sondern in radialer Richtung an der Peripherie des Bestückungskopfes.

Auf beiden Seiten der während der Bestückung ortsfesten Leiterplatte befinden sich stationäre Zuführmodule. Ein Bauelement wird durch eine oberhalb des Zuführmoduls stehende Saugpipette des Revolverkopfes aufgenommen. Der Bestückungskopf ist in zwei Achsen positionierbar (x-/y-Positionierung, zweiachsiges Portalsystem), er kann alle erforderlichen Positionen über der Leiterplatte anfahren. Eine Bewegung der Leiterplatte in Bestückungspositionen ist somit nicht nötig.

Ein Bestückungszyklus beginnt mit dem Aufnehmen von so viel Bauelementen, wie der Revolverkopf Saugpipetten hat (je nach Kopftyp bis zu 20 Stück). Der Bestückungskopf nimmt dabei jeweils ein Bauelement mit einer der Saugpipetten aus einem Zuführmodul auf. Falls erforderlich fährt er dann in eine neue Abholposition. Gleichzeitig dreht er sich, bis sich die nächste noch freie Saugpipette unten am Kopf (oberhalb des Zuführmoduls) in Aufnahmeposition befindet. Auf die gleiche Weise werden die Bauelemente auf die Leiterplatte abgesetzt. Aufgrund dieser Arbeitsweise des Einsammelns und Absetzens wird diese Chip Shooter Variante auch Collect & Place genannt.

Da die Verfahrwege sehr kurz und die Zeiten für das Weiterdrehen des Kopfes sehr klein sind, werden sehr hohe Bestückungsleistungen erreicht. Die Verfahrwege können durch eine Optimierung der Bestückungsreihenfolge noch verkürzt werden. Unterschiedliche Saugpipetten gewährleisten ein sicheres Aufnehmen von Bauelementen verschiedener Größe.

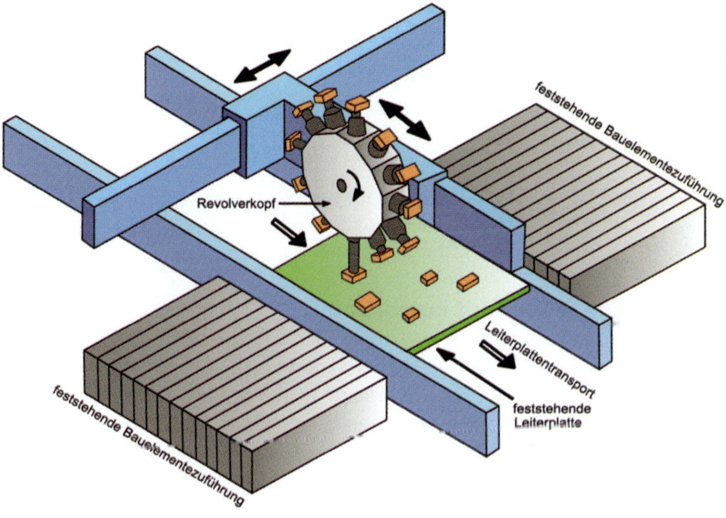

Abb. 82: Chip Shooter Variante nach dem Collect & Place Prinzip

3.2.2.4 Zwei Revolverköpfe an zweiachsigem Doppelportalsystem

Die Bestückungsleistung kann beim Collect & Place Prinzip noch erhöht werden, wenn ein zweiter Bestückungskopf eingesetzt wird. Während der eine Bestückungskopf neue Bauelemente aus einem Zuführmodul aufnimmt, setzt der andere Bestückungskopf seine vorher abgeholten Bauelemente auf die Leiterplatte. Jeder Bestückungskopf ist über ein zweiachsiges Portalsystem unabhängig vom anderen Bestückungskopf positionierbar. Eine Kollision der Köpfe wird vermieden, indem der Bestückungsbereich über der Leiterplatte von demjenigen Kopf freigegeben wird, der momentan Bauelemente neben der Leiterplatte aufnimmt. Jeder Bestückungskopf greift jeweils nur auf einer Seite der Leiterplatte auf eine Bauelementezuführung zu. Die zu bestückenden Bauelemente werden also auf die Zuführmodule an beiden Seiten verteilt.

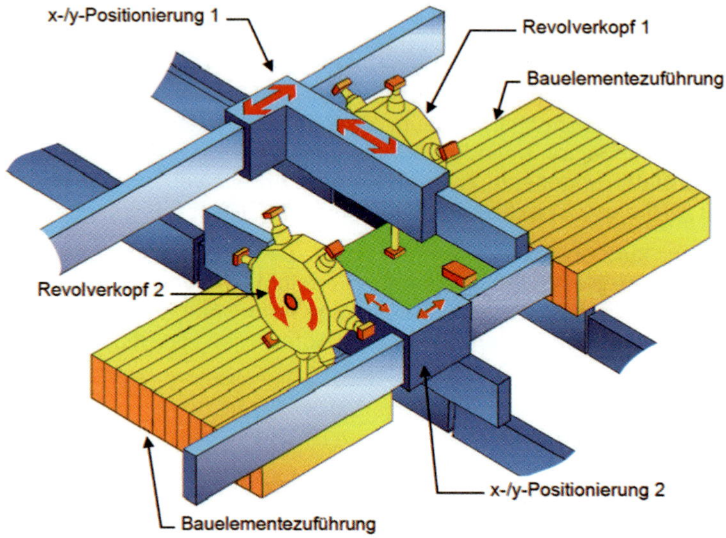

Abb. 83: Chip Shooter nach dem Collect & Place Prinzip, Variante mit zwei Revolverköpfen an einem Doppelportalsystem (parallele Bestückungssysteme)

3.2.2.5 Revolverkopf und Fine Pitch Kopf kombiniert

Diese Chip Shooter Variante besteht aus einem Fine Pitch Kopf (Pick & Place Verfahren) zur genauen Bestückung hochpoliger Bauelemente und einem mechanisch daran gekoppelten, senkrecht stehenden Revolverkopf (mit horizontaler Drehachse) zur schnellen Bestückung von Standardbauelementen. Die beiden Bestückungsköpfe arbeiten an einem gemeinsamen Portal mit x-/y-Positionierung. Beide Köpfe kommen jeweils nacheinander zum Einsatz. Die Kombination der beiden Bestückungsköpfe ermöglicht eine wirtschaftliche Bestückung von sowohl Fine Pitch Bauelementen als auch Standardbauelementen mit nur einer Maschine.

3.3 Vision-Systeme

Vision-Systeme erfassen in SMD-Bestückungsautomaten optisch die Lage von Leiterplattenmarken und Bauelementen. CCD-Kameras nehmen Bilddaten auf, welche durch digitale Bildverarbeitungssysteme ausgewertet werden. Eine automatische Bestückung von Fine Pitch Bauelementen ist ohne Vision-System kaum durchführbar, da nur die Erfassung der Lage von Leiterplatte und Bauteil die notwendige Positioniergenauigkeit ermöglicht. Auch bei der Bestückung von Standardbauelementen ergeben Vision-Systeme durchaus Vorteile bezüglich Geschwindigkeit und Bestückungsgenauigkeit.

Der Einsatz von Vision-Systemen bei SMD-Bestückungsautomaten umfasst:

- Erfassung von Position und Verdrehung der zu bestückenden Leiterplatte
- Erfassung von Position und Verdrehung der Bauelemente beim Bestückungsvorgang für automatische Korrekturen (optische Bauelementezentrierung)
- Vermessung lokaler Referenzmarken von Fine Pitch Bauelementen
- Überprüfung von Gehäusetypen
- Koplanaritätsmessung bei Fine Pitch Bauelementen.

3.3.1 Grundlagen von Vision-Systemen

Vision-Systeme unterscheiden sich in der Auflösung, mit der die Bildpunkte (Pixel) dargestellt werden.

Binärsysteme arbeiten mit einer Auflösung von einem Bit, können also nur zwischen schwarz und weiß bzw. dunkel und hell differenzieren. Binärsysteme benötigen zum zuverlässigen Betrieb eine konstante, gleichmäßige Beleuchtung und ein kontrastreiches Objekt, da die Helligkeit der Pixel mit einem festen Schwellwert verglichen wird.

Grauwertsysteme verwenden mehrere Bit zur Darstellung eines Pixels, bei einer Auflösung von acht Bit können beispielsweise 256 Helligkeitsstufen unterschieden werden. Grauwertsysteme liefern auch bei wechselnden Beleuchtungsverhältnissen und schwachem Objektkontrast zuverlässige Ergebnisse. Bei SMD-Bestückungsautomaten werden praktisch ausschließlich Grauwert- oder Farbwertsysteme eingesetzt.

Das eingesetzte Bildauswerteverfahren stellt ein weiteres Kriterium für die Zuverlässigkeit von Vision-Systemen dar. Mögliche Verfahren sind u. a. das Konturfolge-, das Schwerpunkt- und das Korrelationsverfahren. Das Korrelationsverfahren ist sehr zuverlässig. Erreicht wird dies durch den Algorithmus, mit dem die Position der gesuchten Sollstruktur im aufgenommenen Bild ermittelt wird. Die gesuchte Sollstruktur wird im Suchbereich der aufgenommenen Iststruktur verschoben, durch Differenzbildung der Pixelwerte wird der Ort mit maximaler Korrelation bestimmt. Auch bei fehlerhaften bzw. unvollständigen Bildstrukturen kann so die Position der Sollstruktur sicher und genau ermittelt werden. Andere Verfahren ermitteln die Position der Sollstruktur zeitsparend in zwei Schritten: Zuerst wird in einer Grobsuche die ungefähre Position ermittelt. Danach wird diese exakt bestimmt, dabei muss nur der durch die Grobsuche ermittelte relativ kleine Bereich berücksichtigt werden.

3.3.2 Leiterplatten-Vision-System

Das System zur Leiterplatten-Lageerkennung bestimmt die exakte Position der Leiterplatte in der Bestückungsmaschine, damit die Bestückungspositionen der Bauelemente entsprechend korrigiert werden können. Früher wurde eine mechanische Leiterplatten-Zentrierung durch Zentrierstifte eingesetzt, die den heutigen Genauigkeitsanforderungen nicht mehr genügt.

Ist eine Leiterplatte in den Bestückungsbereich der Maschine eingefahren, erfasst eine am Bestückungskopf angebrachte CCD-Kamera sequenziell die Position von zwei oder drei Referenzmarken (z. B. Kreuz, Kreis oder Rechteck) auf der Leiterplatte. Lage und Verdrehwinkel der Leiterplatte werden in Bezug zum Koordinatensystem der Bestückungsmaschine ermittelt, ein eventueller Verzug der Leiterplatte wird berücksichtigt. Danach werden alle Bestückungspositionen von Bauelementen entsprechend korrigiert.

Um die Bestückungsgenauigkeit bei Fine Pitch Bauelementen zu erhöhen, werden zusätzliche, lokale Referenzmarken in unmittelbarer Nähe der Bestückungspositionen dieser Bauelemente angebracht. Dadurch lassen sich Toleranzen und nichtlineare Verzüge der Leiterplatte beim Bestückungsvorgang kompensieren.

3.3.3 Bauelemente-Vision-System

Bauelemente-Vision-Systeme ermöglichen durch eine optische Vermessung eine Zentrierung der Bauelemente während des Bestückungsvorgangs, sie werden sowohl bei Fine Pitch Bausteinen als auch bei Chip-Bauelementen aller Größen eingesetzt. Lage und Drehwinkel des von der Bestückungspipette aufgenommenen Bauelementes werden vom Bauelemente-Vision-System erfasst und zur Korrektur der Bestückungsposition verwendet. Die relative Lage des Bauelementes in x- und y-Richtung und der Drehwinkel werden an einen Auswerterechner übermittelt, der die Daten mit der Form eines Gehäusemodells vergleicht. Die Korrektur der Bestückungsposition des Bauelementes erfolgt in x- und y-Richtung durch die Portalachsen, der Drehwinkel des Bauelementes wird durch eine Dreheinheit am Bestückungskopf korrigiert.

Mit optischen Zentriersystemen wird nicht nur eine größere Bestückungsgenauigkeit erreicht, auch eine Überprüfung des Gehäusetyps und das Erkennen von verbogenen Pins ist möglich.

3.4 Weitere Automatisierungsfunktionen

3.4.1 Kleber auftragen

Bauteile müssen nur bei Verwendung der Schwall-Löttechnik auf der Leiterplatte durch einen Kleber fixiert werden. Hierfür gibt es zwei Möglichkeiten.

1. **Alle Klebepunkte vorab setzen**
   Bei diesem Verfahren ist das Kleberdosiergerät parallel zum Bestückungskopf an der xy-Positioniereinheit montiert. Während in der ersten Arbeitsstation das Dosiergerät Klebstoff in definierter Menge auf die Leiterplatte aufbringt, wird gleichzeitig in der zweiten Arbeitsstation eine bereits mit Klebepunkten versehene Leiterplatte bestückt. Die Dosiermenge des Klebers ist je nach Bauteilgröße in verschiedenen Stufen programmierbar.

2. **Jeden Klebepunkt vor Bauteilbestückung setzen**
   Im Gegensatz zu oben werden hier die Klebepunkte nicht auf eine ganze Leiterplatte simultan zum Bestückungsvorgang einer zweiten Leiterplatte aufgetragen, sondern alle erforderlichen Klebepunkte werden direkt vor dem Bestücken eines Bauelementes gesetzt. Die Kleberdosiereinheit ist dazu neben dem Vakuumgreifer des Bestückungskopfes angebracht.

Ergänzungsbausteine des Kleberdosiergerätes

Ergänzungen der Kleberdosiereinheit können z. B. sein:

- eine Kleberfüllstandskontrolle, sie verhindert ein Weiterarbeiten des Automaten trotz leerem Vorratsbehälter des Klebstoffes
- eine Kleberabstreifrolle, sie dient zum Abstreifen von Klebstoffresten an der Kleberdosiernadel.

3.4.2 Leiterplattentransport

Bestückungsautomaten können zur automatischen Ein- und Ausgabe von Leiterplatten mit einem Längstransportsystem ausgerüstet werden. In Verbindung mit den meisten Bestückungsmaschinen wird der Leiterplattentransport mittels eines Förderbandes gelöst. Das Fördersystem transportiert die Leiterplatten, die z. B. automatisch aus einem Leiterplattenmagazin zugeführt werden, von der Eingabeseite des Bestückungsautomaten über die Arbeitsstation(en) zur Ausgabeseite, wo sie evtl. wieder in Magazinen abgelegt werden. Hat eine Leiterplatte die Bestückungsstation erreicht, wird sie automatisch angehoben und über Stifte oder Anschläge zentriert.

Bei Bestückungsmaschinen in flexiblen Fertigungssystemen wird das Förderband auf die Nutzengröße der zu bestückenden Leiterplatte eingerichtet. Geschwindigkeit und Spurweite des Förderers sind meist stufenlos verstellbar. Da Leiterplattenförderer häufig gestartet und gestoppt werden, müssen Start und Stopp sanft, ruck- und vibrationsfrei erfolgen, damit Bauteile, die zwar bestückt, aber noch nicht befestigt (z. B. gelötet) worden sind, nicht verrutschen.

3.4.3 Bauteilzentrierung

In der Zuführung
Erfolgt die Bauteilzentrierung in der Bauteilzuführung, so wird darauf geachtet, dass

das jeweilige Bauteil für den Bestückungsvorgang bereits lagerichtig vorliegt. Die dadurch erreichbare Genauigkeit reicht jedoch selten aus.

In separater Zentrierstation

Der Einsatz einer gesonderten Zentrierstation ermöglicht es ebenfalls, Bauelemente lagerichtig zu bestücken. Mit der Saugpipette werden die Bauelemente von ihrer Bereitstellungsposition in die Zentrierstation gebracht und dort in xy-Richtung zentriert. Anschließend wird das Bauelement wieder aufgenommen und entsprechend den programmierten Positionsdaten auf die Leiterplatte gesetzt. Für diese Art der Zentrierung muss allerdings zusätzlich Zeit aufgewendet werden.

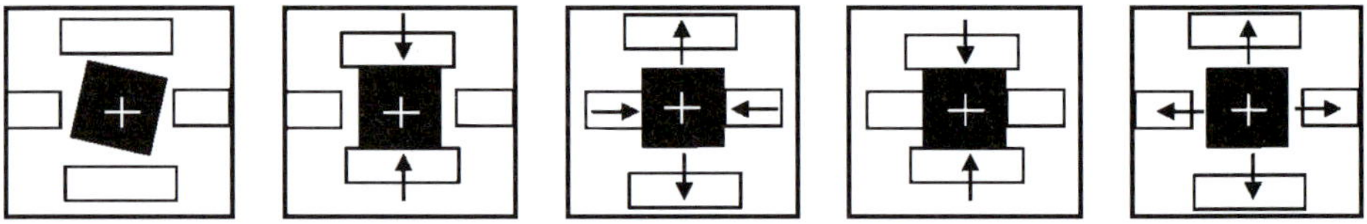

Abb. 84: Separate Zentrierstation

Durch den Bestückungskopf

Durch eine Dreheinheit am Bestückungskopf kann das Bauelement zwischen 0° und 360° gedreht werden. Die folgende Abbildung zeigt schematisch einen Bestückungskopf, der das Bauteil durch seine Greifer zentriert und anschließend um den gewünschten Winkel dreht.

Abb. 85: Bauteildrehung und Zentrierung durch den Bestückungskopf

3.4.4 Maschinendatenerfassung

Zusätzlich zur Steuerung der Fertigungsautomaten können auch Daten für das Management, wie Anzahl von Mess- und Abholfehlern, Maschinenlaufzeiten und die Anzahl der bestückten Leiterplatten erfasst werden. Eine optimale Einstellung des Bestückungsautomaten kann durch ein automatisches Kalibrierungsprogramm erfolgen, wobei die exakten Maschinendaten (Kalibrierfaktoren, Maschinenpositionen) ermittelt werden.

3.5 Verpackungsarten von Bauelementen

3.5.1 Verpackung im Gurt

Kleine Bauteile (besonders in Chip-Form) werden in Gurte aus Karton oder Kunststoff verpackt. Im Gurt sind kleine Freiräume in Form von vertieften Taschen ausgespart, in denen die Bauteile liegen. Die Oberseite des Gurtes (die glatte Öffnungsseite der Taschen) ist durch eine transparente Kunststofffolie verschlossen, damit die Bauteile nicht herausfallen. Zum Entnehmen der Bauteile wird die Abdeckfolie abgezogen. Diese *Blistergurte* (*blister tape*, von blister = Bläschen, kleine Blase) aus antistatischem Material werden auf eine Rolle aufgewickelt, sie werden dann als *tape and reel* (*tape & reel*) Verpackung bezeichnet. An einer Seite des Gurtes befinden sich Transportlöcher, über die der Bestückungsautomat den Gurt abrollt. Die Gurtbreiten sind genormt, es gibt Gurte mit einer Breite von 8, 12, 16, 24, 32, 44 und 56 mm (und breiter) und unterschiedlichen Materialstärken von 0,2 mm bis 0,5 mm, der Rollendurchmesser beträgt z. B. 178 mm oder 330 mm.

Bauelemente im Gurt sind von Bestückungsautomaten wesentlich leichter aufnehmbar als Schüttgut.

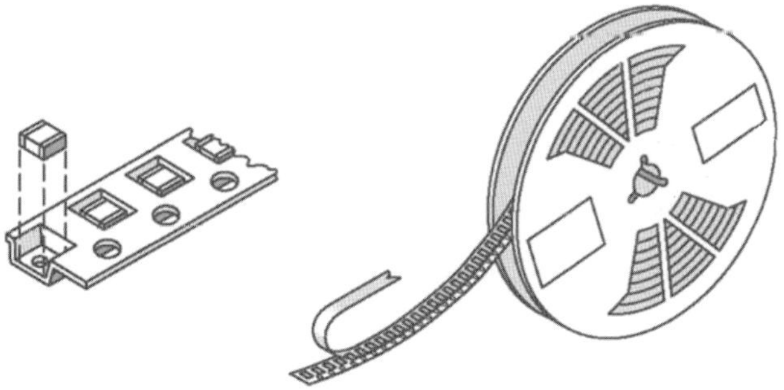

Abb. 86: Tape & Reel Verpackung von Chip-Bauelementen

3.5.2 Bezug als Schüttgut

Werden vom Lieferanten Bauelemente als Schüttgut bezogen (dies ist relativ selten), so wird meist mit Kassettensystemen gearbeitet. Bewährt hat sich das so genannte

Bulk Case System, bei dem eine Kunststoffkassette (Bulk Case) als Behälter für die Bauelemente dient. Die Kassette hat die Größe 110 mm x 36 mm x 12 mm und kann 5000 bis 50000 Bauelemente aufnehmen.

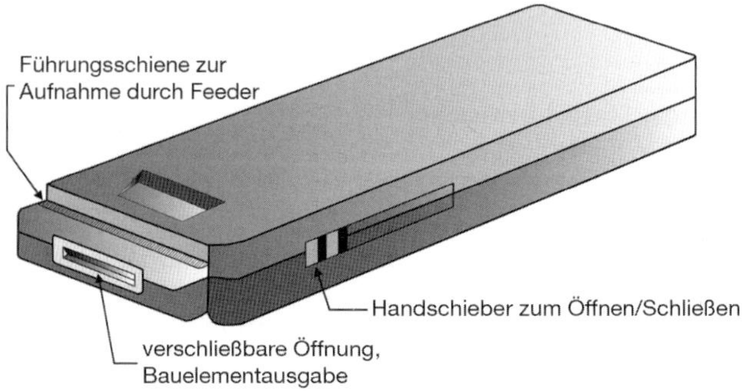

Abb. 87: Bulk Case

3.5.3 Verpackung im Magazin

Bei Magazinen unterscheidet man Stapel-, Flächen-, Linear- und Stangenmagazine.

Beim *Stapelmagazin* werden vertikal aufeinander gelagerte Bauteile nach oben entnommen.

Flächenmagazine sind kleine Paletten (*trays*), in denen die einzelnen Bauteile in einer matrixförmigen Anordnung von Vertiefungen gelagert sind. Nach Abziehen einer Abdeckfolie lassen sich die einzelnen Bauteile mit einer Vakuumsaugpipette aus den Fächern der Bodenplatte nach oben entnehmen.

Ein *Linearmagazin* besitzt die Form einer einzelnen Reihe eines Flächenmagazins.

Vor allem integrierte Schaltungen werden in *Stangenmagazinen* in Form von Kunststoffstangen (*sticks*) verpackt.

3.6 Technik der Bauelemente-Bereitstellung

3.6.1 Grundlegende Technik

Die Zuführeinrichtung hat die Aufgabe die Bauteile automatisch in eine Position (und evtl. Orientierung) zu bringen, die es ermöglicht, das Bauteil anschließend mit dem Bestückungskopf aufzunehmen. Je nach Hersteller von Bestückungsautomaten unterscheidet sich auch die Technik der Bauelemente-Bereitstellung in Details.

Die Zuführmodule (Förderer) für Bauelemente nennt man bei Bestückungsautomaten *Feeder*. Für die unterschiedlichen Verpackungsarten der Bauelemente gibt es dazu passende Feeder. Entsprechend kann man zwischen Feeder für Schüttgut, Gurte und Magazine unterscheiden. Werden mehrere Flächenmagazine bei einer Bestückung benötigt, so werden Waffle Pack-Wechsler eingesetzt.

Steigende Bestückungsleistung und die Notwendigkeit erhöhter Flexibilität führten zu hohen Ansprüchen bezüglich der Genauigkeit der Abholposition und zu kurzen Zeitspannen bei der Bereitstellung von Bauelementen. So genannte intelligente Feeder vermeiden Rüstfehler. Sie übermitteln dem Bestückungsautomaten Daten über den Typ des Feeders und Informationen über Art und Kennzeichen (z. B. Polung) der gerüsteten Bauelemente. Der Steuerrechner des Automaten kann dadurch, z. B. durch eine automatische optische Inspektion, die bereitgestellten Bauteile überprüfen.

Durch den Einsatz so genannter Bauelemente-Wechseltische können Umrüstzeiten stark verkürzt werden.

Das Bestückungsprogramm beinhaltet nicht nur die Werkzeuge und Bestückungspositionen, sondern auch die gesamte Rüstungskonfiguration der Bauelemente, wie z. B. Bereich, Typ und Spur der Bauelemente-Bereitstellung.

3.6.2 Bauelemente-Zuführmodule (Feeder)

3.6.2.1 Gegurtete Bauelemente, Gurtfeeder

Universelle Gurtförderer (Gurtfeeder, Rollenfeeder) sind für alle Bauelemente-Typen in den entsprechenden Gurten geeignet. Bauelementespezifische Feeder erlauben nur die Verarbeitung von bestimmten Bauelementen. Gurtfeeder können sowohl für Papier- als auch für Blistergurte eingesetzt werden, sie dienen zur Bereitstellung von

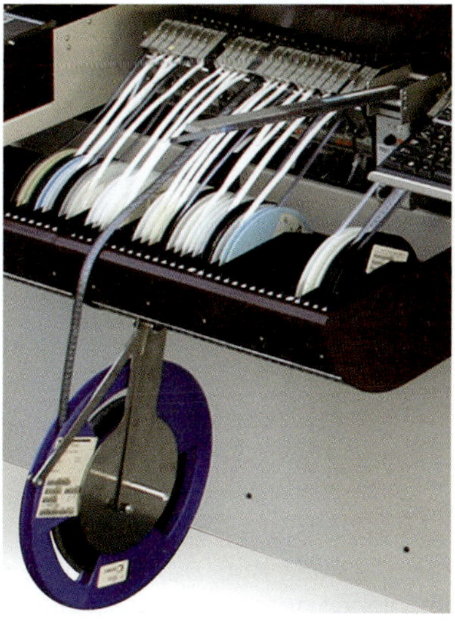

Abb. 88: Bestückungsautomat mit gegurteten Bauelementen auf Rollen in Gurtfeedern, zu erkennen ist auch ein Stangenmagazin-Feeder (links), Detailaufnahme Gurtfeeder (rechts)
Bildquelle: DIMA Group B.V.

Bauelementen aus dem Gurt. Die Gurtzuführmodule werden durch ein Signal vom Bestückungsautomaten aktiviert, anschließend regeln sie selbstständig den gesamten Förderablauf. Der Gurt läuft von der Rolle in den Feeder hinein, dort wird die Abdeckfolie vom Gurt abgezogen. Die Bauelemente können somit vom Bestückungskopf nach oben entnommen werden. Die abgezogene Abdeckfolie kann auf einer extra Rolle zum späteren Entsorgen aufgerollt werden. Je nach Anlage wird das restliche Leergut des Gurtes (mit den Taschen) vor dem Entsorgen automatisch zerkleinert.

Gurtfeeder sind schnell umrüstbar, kleine Losgrößen und eine breite Produktpalette sind deshalb gut zu verarbeiten. Außerdem bieten Gurtfeeder kurze Zeiten für die Zuführung von Bauelementen, eine hohe Bauteilkapazität, ein einfaches Nachfüllen und einen Schutz vor Verpolung der Bauelemente.

Das Nachfüllen von fast leeren Gurten kann durch *Anspleißen* erfolgen. Dabei wird einfach das Ende des Gurtes mit dem Anfang einer neuen Rolle verbunden.

3.6.2.2 Schüttgut, Bulk Case Feeder

Bulk Case Feeder (Bulk Feeder) bringen die als Schüttgut bereitgestellten Bauteile in eine Vorzugsrichtung und stellen sie dem Bestückungskopf zur Abholung bereit. Bulk Feeder besitzen üblicherweise zwei Spuren zur Förderung der Bauelemente. Sie können sowohl rechteckige als auch runde passive Bauelemente fördern. Das Nachfüllen leerer Kassetten kann ohne Anhalten der Maschine durch Austauschen der Kassetten geschehen, da im Feeder noch genügend Bauelemente vorhanden sind.

Im Wesentlichen bestehen die Feeder aus einem Basiselement, auf die je nach Bauteiltyp die entsprechenden Zuführschienen und Kassetten aufgesetzt werden. Die Vereinzelung und Förderung der Bauelemente erfolgt mittels Druckluft (air type), durch einen Beschickungstrichter (Zuführungstrichter, hopper type) oder durch eine rotierende Trommel mit eingebauten Segmenten zur Bauteilausrichtung (rotating drum type).

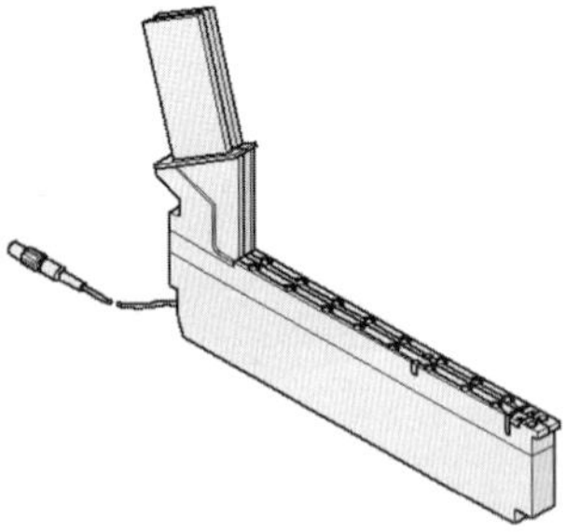

Abb. 89: Bulk Case Feeder

3.6.2.3 Stangenmagazine, Stangenmagazin-Feeder

Sind Bauelemente in Stangenmagazinen verpackt, so werden sie mit einem Stangenmagazin-Feeder (stick-feeder) bereitgestellt (siehe Abb. 88 und Abb. 90). Bei diesen Feedern werden die Stangenmagazine auf Führungsschienen gesteckt, eine geöffnete

Seite der Stange ist schräg nach unten geneigt. Die Förderung der Bauelemente erfolgt durch Vibration.

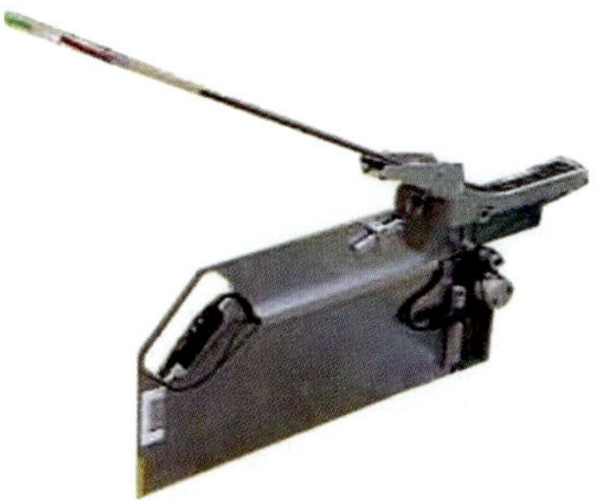

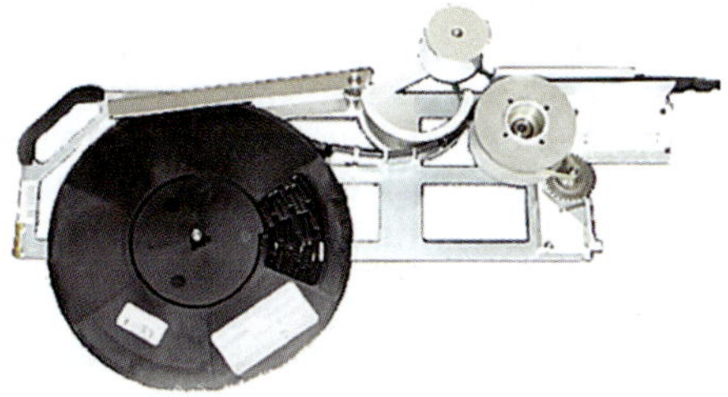

Abb. 90: Stangenmagazin-Feeder (links) und Gurtfeeder (rechts)

3.6.2.4 Flächenmagazine, Waffle Pack-Wechsler

Liegen Bauelemente in Flächenmagazinen vor, so werden sie mit einem Waffle Pack-Wechsler (Waffle Pack-Changer, WPC) der Abholposition des Bestückungskopfes zugeführt. Die einzelnen übereinander angeordneten Flächenmagazine werden durch den Waffle Pack-Wechsler automatisch wie in einem Lift transportiert. Das Wechseln und das Nachfüllen der Magazine erfolgt ohne Zeitverlust während des Bestückungsvorgangs. Ein Waffle Pack-Wechsler kann z. B. bis zu 28 Flächenmagazine aufnehmen. Dabei beträgt die maximale Magazingröße 350 mm x 235 mm bei max. 23 mm Magazinhöhe. Die Wechselzeit pro Magazin beträgt weniger als 3 s und erfolgt parallel zu anderen Teilschritten in einem Bestückungszyklus.

Abb. 91: Waffle Pack-Wechsler

3.6.3 Bauelemente-Wechseltisch

Ein Bauelemente-Wechseltisch ist eine eigenständige Einheit, die an einem externen Rüstplatz mit Förderern ausgestattet werden kann. Der Wechseltisch nimmt also Bauelemente auf, die mittels Feeder bereitgestellt werden. Außer Gurtförderern können z. B. auch Bulk Case-Feeder und Stangenmagazin-Feeder gerüstet werden. Der Tisch wird an die feststehenden Bauelemente-Bereitstellungen des Bestückungsautomaten angesetzt, der Feeder wird an das entsprechende Feld angeschlossen und kann auf diesem Wege die Bauelemente übergeben.

Der Vorteil des Wechseltisches ist, dass zum Umrüsten der gesamte Wechseltisch gegen einen außerhalb des Bestückungsautomaten vorgerüsteten Wechseltisch ausgetauscht werden kann. Die komplette Rüstung inklusive Überprüfung kann somit abgekoppelt von der Maschine erfolgen. Der Wechseltisch wird zum Bestückungsautomaten gefahren und kann innerhalb weniger Minuten (mit einer nur kurzen Unterbrechung des Produktionsprozesses) gewechselt werden.

Die Kommunikationseinheit versorgt die Förderer mit den erforderlichen Spannungen und Steuersignalen. Die Bauelemente-Zuführungen sind während des Bestückungsprozesses in Ruhe. Daher ist das Nachfüllen von Bauelementen (beispielsweise in Stangen) und das Anspleißen von Gurten ohne Maschinenstillstand möglich. Mit Hilfe eines optionalen Barcodelesers können die Barcodes an den Gurtrollen gelesen und überprüft werden. Dies gewährleistet die richtige Zuordnung der Bauelemente zur Spur.

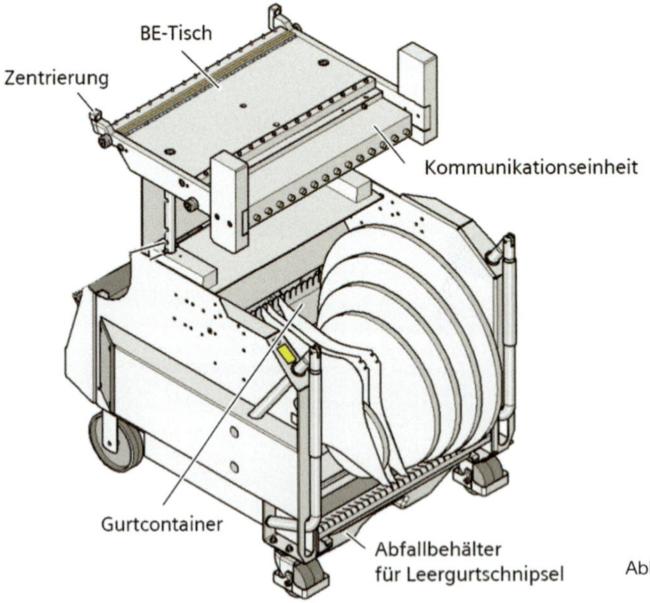

Abb. 92: Ein Bauelemente-Wechseltisch (Siemens)

Abb. 93: Beispiel für einen Bestückungsautomaten, Bildquelle: DIMA Group B.V.

4 Fehlerarten und Fehlerquellen

Bei der Fertigung elektronischer Baugruppen treten die unterschiedlichsten Fehler auf, deren Gründe vielfältig sein können.

Eine grobe Einteilung der Fehler ergibt:

- Bauteilefehler
- Leiterplattenfehler
- Fertigungsfehler mit
  - Fehler durch Lotpastendruck
  - Bestückungsfehler
  - Fehler durch Bestückungsautomat
  - Fehler durch Lötprozess.

Zu diesen Arten von Fehlern folgen jeweils einige Beispiele.

4.1 Bauteilefehler

- Bauteil ist mechanisch fehlerhaft, z. B. Keramikkondensator (an)gebrochen
- Bauteilkörper ist beschädigt
- Bauteil ist elektrisch fehlerhaft
- Anschluss ist nicht mit Lot benetzbar
- Anschluss ist unvollständig metallisiert
- Mechanische Beschädigung erfolgte durch Nutzentrennung
- Mechanische Beschädigung entstand durch mechanische Belastung beim Einbau

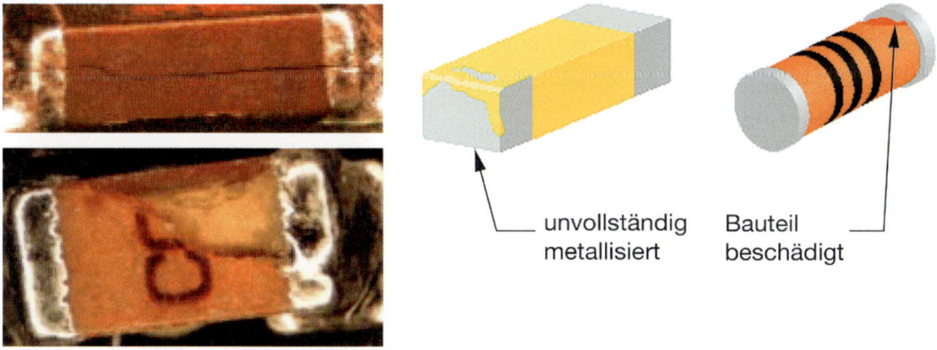

Abb. 94: Gebrochene Chip-Bauelemente, unvollständige Metallisierung und Beschädigung

4.2 Leiterplattenfehler

- Layoutfehler, falsches Layout
- Padgröße ist falsch

- Leiterplatte ist gebrochen
- Leiterbahnunterbrechung
- Leiterbahnkurzschluss
- Leiterbahnunterätzung
- Lötstopplack befindet sich auf Pad (Lötstoppmaske hat Versatz)
- Klebstoff auf Pad ergibt verunreinigte Pads
- Durchkontaktierung ist abgerissen
- Prüfpad ist nicht oder schlecht kontaktierbar
- Bohrung ist zu eng für den Anschlussdraht
- Delamination der Leiterplatte (Trennung der Schichten)
- Erst im Betrieb der Baugruppe: Kurzschlussbildung durch *Elektromigration*, Ionenwanderung (Materialtransport) bei Gleichspannungsfeldern verursacht feine Metallauswüchse

Abb. 95: Leiterplatte mit gebrochenen Leiterbahnen (links), Lötstopplack auf Pad (rechts)

4.3 Fehler durch Lotpasten-, Kleberdruck

Der Lotpastendruck gehört zu den häufigsten Fehlerursachen.

- Druck ist verschoben
- Überdruckung von Pads
- Druck ist verschmiert
- Druck ist unvollständig
- Pad ist unbedruckt
- Pastenbrücke
- Kleber auf Pad oder zu viel Kleber

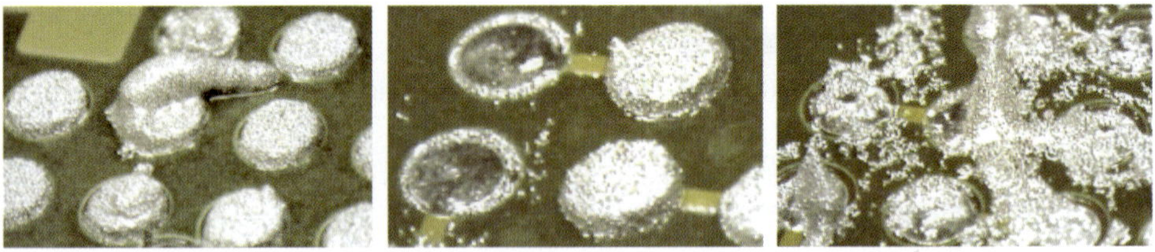

Abb. 96: Lokal begrenzte Fehler durch den Lotpastendruck, Menge der Lotpaste partiell zu groß (links), zu klein (Mitte), Lotpaste verschmiert (rechts)

4.4 Bestückungsfehler

- Bauteil fehlt
- Bauteil mit falschem Wert wird bestückt
- Bauteil ist falsch bestückt
- Bauteil verpolt
- Bauteil versetzt
- Bauteil verdreht
- Bauteil hochkant
- Bauteil hat Rückenlage (face down)
- Bauteil ist schief (z. B. Einpresspin)

4.5 Fehler durch Bestückungsautomat

- Haftungsproblem durch Oberflächenwölbung des Bauteils im Bereich der Saugpipette des Bestückungsautomaten
- Pipette ist beschädigt, verschmutzt
- Bauteil ist falsch nachgerüstet
- Bauteil ist falsch gegurtet
- Bestückungsversatz liegt vor
- Vakuum lässt nach

4.6 Fehler durch Lötprozess

- Lötbrücke, Kurzschluss
- magere oder zu dicke Lötstelle
- nicht benetzte, offene Lötstelle
- Bauteil ist nicht benetzbar
- Fehler durch Tombstone-Effekt
- Koplanaritätsfehler
- Lotkugelbildung (Lotperlen)
- Lötrichtung ist falsch

Abb. 97: Fehler durch Bildung von Lötbrücken

Abb. 98: Zu magere Lötstelle (links), zu dicke Lötstelle (Mitte), Lotkugelbildung (rechts)

Abb. 99: Bauteil verdreht (links), zu viel Kleber verhindert Lötung (Mitte), Lotkugel (rechts)

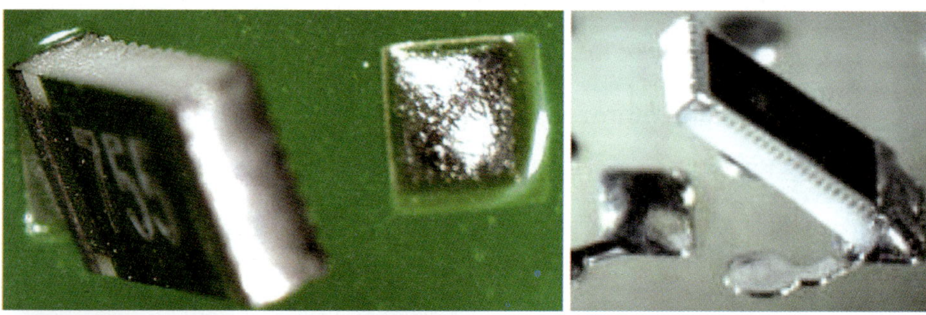

Abb. 100: Der Tombstone-Effekt (Grabstein-Effekt) kann beim Reflowlöten Chip-Bauelemente schräg oder ganz senkrecht stellen. Der Effekt kann durch unterschiedliche Benetzung beider Anschlüsse mit Lot auftreten. Der Grund hierfür kann schlechte Lötbarkeit eines Bauteilanschlusses, unterschiedlich viel Lot beider Depots oder ein Schmelzen der Lotpaste der beiden Pads zu unterschiedlichen Zeitpunkten sein. Die auf beiden Seiten des Bauelementes wirkenden Kräfte der Oberflächenspannung des flüssigen Lots im Zusammenwirken mit der Gewichtskraft des Bauteils sind dann unterschiedlich groß.

5 Test von Baugruppen

Elektronische Baugruppen müssen nach der Fertigung oder auch nach einzelnen Prozessschritten geprüft werden. Die im Wesentlichen angewandten Prüfverfahren sind nachfolgend beschrieben. Welche Verfahren angewandt werden, hängt von produktspezifischen Eigenschaften wie Komplexität und Stückzahl der Baugruppe ab. Die Fehlerabdeckung der verschiedenen Prüfmethoden ist unterschiedlich hoch, und es gibt unterschiedliche Fehlerspektren, die erkannt werden. Die beschriebenen Verfahren werden häufig kombiniert, um zu einer optimalen Fehlerabdeckung und einer kostenoptimierten Prüfstrategie zu kommen.

Grob kann man zwischen elektrischen und optischen Prüfverfahren unterscheiden.

5.1 Elektrische Tests

5.1.1 Incircuit-Test (ICT)

5.1.1.1 Verfahren und Adaptierung

Bei diesem Testverfahren werden die auf der Baugruppe befindlichen Bauteile elektrisch vermessen. Getestet werden alle einzelnen elektrischen Verbindungen auf einer Leiterplatte. Kurzschlüsse (jeder Knoten gegen jeden anderen), Unterbrechungen, nicht verlötete, defekte, verpolte und wertmäßig falsche Bauteile oder Toleranzüberschreitungen können entdeckt werden.

Somit werden Löt-, Bestückungs- und Bauteilefehler erkannt. Mit dem Incircuit-Test ist eine Fehlererkennung von über 90 % erreichbar.

Beim IC-Test mit leistungsfähigen Prüfautomaten sind auch Teilfunktionstests kritischer Schaltungsteile, Funktionstests von Schaltungsblöcken oder Gesamtfunktionstests möglich. Dafür gibt es als Komponenten des Incircuit-Testers speziell auf den Funktionstest abgestimmte Komponenten wie Signalgeneratoren und Messinstrumente.

Um den ICT durchführen zu können, ist eine recht aufwendige mechanische Adaption der Leiterplatte nötig. Für den IC-Test ist es notwendig, jedes elektrische Netz der Schaltung über »Nadeln« (gefederte Prüfstifte) zu kontaktieren. Über einen Nadelbettadapter, der für eine Baugruppe extra angefertigt werden muss, wird ein vollständiger elektrischer Zugang zu den Schaltungsknoten hergestellt. Damit eine Leiterplatte testbar ist, werden im Layout Testpunkte für die Kontaktierung mit Prüfnadeln eingefügt. An diagonal gegenüberliegenden Ecken der Leiterplatte werden asymmetrisch Fangbohrungen zur sicheren Positionierung der Leiterplatte auf dem Nadelfeld angebracht. Beim Layout sind bestimmte Punkte eines testfähigen Leiterplattendesigns, wie z. B. Abstände, Größe, Lage der Testflächen, zu beachten.

Für die Kontaktierung gibt es die Konzepte des Vakuumadapters und des Niederhalteradapters.

Beim Vakuumadapter ist der Nadeladapter am Rand mit einem gegen die Platine dichtenden »Gummi« versehen. Ein Vakuum zieht die Platine auf den Adapter und die federnden Nadeln werden auf die hierfür im Design der Leiterplatte vorgesehenen Testpads gedrückt. Es sei erwähnt, dass der (früher verwendete, teure) Vakuumadapter Probleme bei der Abdichtung (Außenkanten und Durchbrüche der Leiterplatte) mit sich bringen kann und nur für eine einseitige Bestückung der Leiterplatte einsetzbar ist.

Mit dem Adaptionskonzept des Niederhalteradapters, der ohne Vakuum auskommt, ist ohne großen Mehraufwand eine beidseitige Kontaktierung der Leiterplatte möglich. Mit Hilfe einer entsprechenden Anzahl von justierbaren Niederhaltern wird die Leiterplatte von oben auf die Prüfstifte gedrückt, um so einen sicheren Kontakt zu gewährleisten. Die Funktionsweise beider Adaptionsmöglichkeiten geht aus Abb. 105 hervor.

Für die Adaptererstellung können Gerberdaten genutzt werden. Diese Daten werden beim Layout der Leiterplatte erzeugt und werden auch zu ihrer Herstellung benötigt. Durch die Nutzung der Gerberdaten entsteht ein fehlerfreies Bohrprogramm für die Prüfstifte und die Anordnung der Niederhalter. Die Erstellung eines Adapters bei einer auf diese Arbeit spezialisierten Firma dauert typisch ein bis zwei Arbeitstage.

Durch die zunehmende Miniaturisierung der Bauteile ergeben sich bei der Nadelbett-Technik mehrere Probleme. Die Abstände der Pins integrierter Schaltungen werden immer kleiner und zahlreicher, dadurch liegen die Leiterbahnen immer enger zusammen. Durch die geringen Abstände werden die Anforderungen an die Testmechanik immer höher. Durch mechanische Probleme sind auch Fehlkontakte möglich.

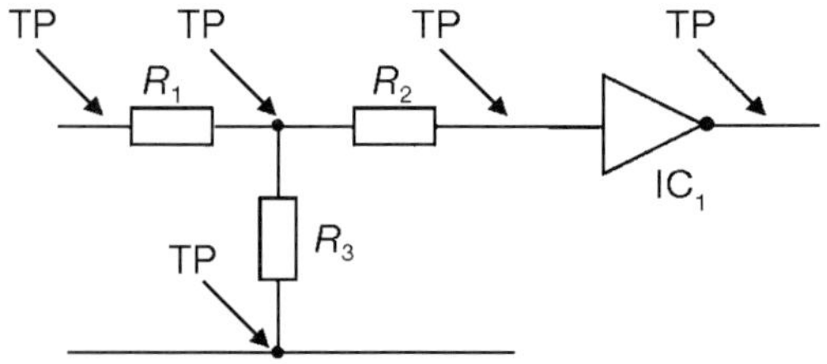

Abb. 101: Prinzip des ICT, jedes Bauteil wird einzeln getestet und muss mit seinen Anschlüssen über Testpunkte (TP) zugänglich sein.

5.1.1.2 Prüfungen beim Incircuit-Test

Die Tests im Überblick:

- Kontaktierungstest aller Prüfpunkte des Nadeladapters zum Prüfling
- Kurzschlusstest, jeder Knoten gegen jeden anderen
- Test aller passiven Bauelemente ohne Versorgungsspannung
- Test aller aktiven Bauteile mit Versorgungsspannung
  optional zusätzlich
- Clustertest (Funktionstest von Schaltungsblöcken)
- Gesamtfunktionstests.

Der Ablauf des Incircuit-Tests kann in mehrere Stufen eingeteilt werden.

Stufe 1
Die Betriebsspannung der zu testenden Baugruppe ist ausgeschaltet. In der ersten Stufe des Incircuit-Tests wird ein *Kontaktierungstest* aller Prüfpunkte des Nadeladapters zum Prüfling durchgeführt. Der gute Kontakt der Nadeln auf den Testpads wird geprüft, indem eine Spannung von 200 mV an die Nadeln gelegt wird. Diese Spannung ist kleiner als die Durchlassspannung der Dioden auf der Leiterplatte, höhere Spannungen könnten als Versorgungsspannung von integrierten Schaltungen wirken. Jetzt wird der Widerstand R_1 eines jeden Netzes gegen jedes andere Netz gemessen. Ein akzeptabler Kontakt liegt vor, wenn z. B. $R_1 \leq 8$ MΩ ist. Als nächstes folgt ein *Kurzschlusstest* von jedem Knoten gegen jeden anderen Knoten. Es wird wieder eine Spannung von 200 mV an die Nadeln gelegt und der Widerstand R_2 eines jeden Netzes gegen jedes andere Netz wird bestimmt. Ist $R_2 \leq 10$ Ω, so wird dies als Kurzschluss zwischen zwei Netzen gewertet.

Stufe 2
Es folgt nun der *Bestückungstest ohne Betriebsspannung*. Es wird das Vorhandensein eines Bauteils, sein Wert und die Einhaltung von Toleranzen, seine richtige Einbauweise (z. B. eine mögliche Verpolung), und soweit als möglich seine Funktion überprüft. Zuerst werden die passiven Bauelemente geprüft, z. B. ohmsche Widerstände, Kondensatoren, Induktivitäten, Polung und Funktion von Dioden, Polung und Zenerspannung von Zenerdioden. Dann werden pnp- oder npn-Transistoren und ihre Schaltfunktion, Feldeffekttransistoren und interne Pullup-Widerstände von Bauteilen untersucht. Bei diesen Prüfungen werden Spannungsquellen mit Strombegrenzung oder Stromquellen mit Spannungsbegrenzung sowie Spannungs- und Strommessgeräte verwendet, die in ihren Bereichen automatisch umschaltbar und deren Anschlusspunkte durch eine programmierbare Relaismatrix veränderbar sind.

Automatische Testgeräte, welche nur Kurzschlüsse, Unterbrechungen und eine eingeschränkte Anzahl von Bauteilwerten testen, werden »Manufacturing Defect Analyser« (MDA) genannt.

Der Wert eines Bauelementes kann einfach gemessen werden, wenn es nicht zusammen mit anderen Bauelementen in einer vermaschten Schaltung eingebaut ist. Der Wert eines ohmschen Widerstandes kann z. B. ermittelt werden, indem ein Konstantstrom durch den Widerstand geleitet und der Spannungsabfall an ihm gemessen wird. Die Messung niederohmiger Widerstände kann, wenn geeignete Pads vorgesehen sind, auch in der 4- und 6- Leitermethode erfolgen.

Ist das Bauelement jedoch mit anderen Bauteilen verbunden, ein Widerstand z. B. mit zwei anderen Widerständen in einer Dreieckschaltung, so entstehen normalerweise Strompfade, welche den Messwert beeinflussen. Um solche Messfehler zu verhindern, wird mit der so genannten *Guard-Methode* jedes Bauteil selektiv (für sich einzeln) geprüft, obwohl es sich in einem Netzwerk von miteinander verbundenen Bauteilen befindet. Durch die Guard-Methode werden Netzwerkknoten um das zu prüfende Bauteil herum auf Masse gelegt und somit virtuell aus der Schaltung herausgelöst (innerhalb der Schaltung »unsichtbar« gemacht). Das Messergebnis verfälschende Spannungen werden dadurch unterbunden.

Die Guard-Methode wird anhand Abb. 102 näher erläutert. Die beiden Widerstände R_1 und R_2 sollen zunächst nicht vorhanden sein. Eine Stromsenke, z. B. in Dekaden zwischen 100 nA und 10 mA umschaltbar, zieht einen konstanten Strom I aus dem Ausgang eines Operationsverstärkers, und zwar über den unbekannten Widerstand R_x im Gegenkopplungspfad des Operationsverstärkers. Beträgt z. B. R_x = 1 kΩ und der Strom ist 1 mA, so wird mit einem Digitalvoltmeter DVM an R_x ein Spannungsabfall von 1 V gemessen. Der Incircuit-Tester kann daraus einen Wert von R_x = 1 kΩ berechnen und mit dem Sollwert vergleichen.

Jetzt nehmen wir an, die Reihenschaltung aus R_1 und R_2 ist parallel zu R_x geschaltet. Wenn gilt $R_1 = R_2$ = 500 Ω, so wird der Messwert des Digitalvoltmeters nun 0,5 V sein. Der Incircuit-Tester errechnet daraus R_x = 500 Ω, es ergibt sich ein Fehler von 50 %. Um dies zu vermeiden ermittelt der Tester durch Probieren in der Umgebung der Anschlüsse von R_x automatisch Netzwerkknoten, welche als so genannte Guard-Punkte geeignet sind. Dazu kann auch eine als funktionierend bekannte Schaltung in den Tester eingelegt werden, und der Tester variiert die Guard-Punkte solange, bis er den richtigen Bauteilwert erkennt.

Ist in der Schaltung (Abb. 102) der Punkt P_1 der Guard-Punkt, so wird er (über eine Nadel kontaktiert) auf Masse gelegt. Da der nichtinvertierende Eingang des Operationsverstärkers direkt auf Masse liegt und gleichzeitig eine Gegenkopplung (über R_x) vorliegt, entspricht der invertierende Eingang einer virtuellen Masse. Der Punkt P_2 liegt somit virtuell auf Masse, der Potenzialunterschied zwischen den Punkten P_1 und P_2 ist null. Da an R_2 jetzt keine Spannung anliegt, ist er gewissermaßen aus der Schaltung ausgeblendet, als wäre er nicht vorhanden. Die Parallelschaltung der Reihenschaltung aus R_1 und R_2 ist somit für die Messung aufgehoben, der Messwert des Digitalvoltmeters ist nun wieder 1 V (entsprechend R_x = 1 kΩ).

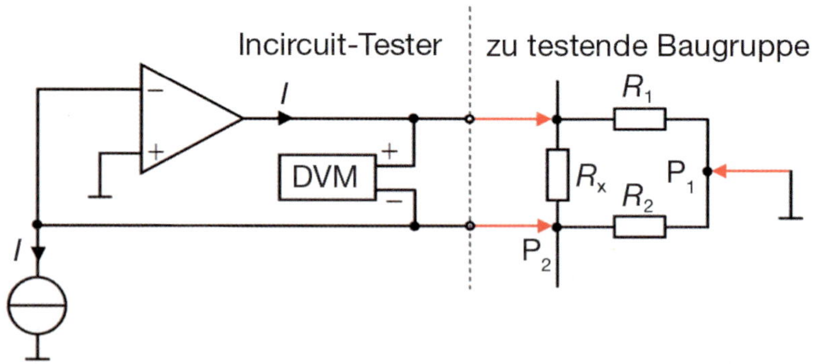

Abb. 102: Guard-Methode zur selektiven Messung von R_x, der in ein Widerstandsnetzwerk eingebunden ist (Prinzip)

Stufe 3
Erst in dieser Phase des Bestückungstests wird die Betriebsspannung an die Baugruppe angelegt. Der Test wird deshalb häufig als aktiver ICT bezeichnet. Dieses späte Anlegen der Betriebsspannung erst nach dem Kurzschlusstest und weitestgehenden Bauteiletest gewährleistet ein möglichst stressfreies Testen der Bauteile.

Nach dem Anlegen der Betriebsspannung wird z. B. die Funktion der Operationsverstärker geprüft. Es wird ein Test als Komparator oder eine Verstärkungsmessung durchgeführt.

Stufe 4
In dieser Phase des Bestückungstests werden bei eingeschalteter Betriebsspannung die digitalen integrierten Schaltungen geprüft. Diese Prüfung kann anhand so genannter Funktionsmodelle erfolgen. Funktionsmodelle sind vom Hersteller erstellte Funktionsbeschreibungen im ASCII-Format, welche die Funktion des Bauteils incl. Zeitverhalten sehr gut beschreiben. Die Funktionsmodelle können vom Incircuit-Tester abgearbeitet werden.

Voraussetzung für die Anwendbarkeit von Funktionsmodellen ist ein Design der Schaltung, welches das Herauslösen des zu prüfenden ICs aus der Schaltung erlaubt. Das Herauslösen von Digital-ICs aus einer Umgebung von Digital-ICs ist durch Aktivierung des Tristate-Zustandes aller schaltungstechnisch verbundenen ICs möglich. Damit der Incircuit-Tester die Ausgänge dieser ICs hochohmig schalten kann, muss jeweils der Eingang OE (Output Enable) weich über einen Widerstand (470 Ω bis 10 kΩ) auf Masse gelegt werden können. Dieser Punkt muss im Design der Schaltung beachtet werden.

Vorteile des Incircuit-Tests

- Das Testprogramm kann ohne tieferes Verständnis der Funktionsweise der gesamten Schaltung erstellt werden.
- Die Fehlererkennung ist einfach, die Fehlerzuordnung ist relativ eindeutig.
- Das Testverfahren ist sehr schnell.
- Es wird eine hohe Fehlerabdeckung von Fertigungsfehlern erreicht.
- Es werden mehrere Fehler bei nur einem Testdurchlauf erkannt.
- Die Technologie ist in der Prüftechnik von Flachbaugruppen weit verbreitet.

Nachteile des Incircuit-Tests

- Es muss auf alle Schaltungsknoten eine Möglichkeit des Zugriffs geschaffen werden (problematisch bei hochpoligen BGAs etc.)
- Es entstehen Investitionskosten durch den Einsatz von Nadelbettadaptern.
- Jede Baugruppe benötigt einen eigenen Adapter.
- Änderungskosten sind zu beachten.
- Dynamische Fehler werden nicht erkannt.

Die wesentlichen Voraussetzungen und Kriterien für einen ICT zusammengefasst:

- Asymmetrische Fangbohrungen (Führungsbohrungen) in der Leiterplatte vorsehen.
- In jedem elektrischen Knoten einen Testpunkt anlegen. Durchkontaktierungen können hierfür verwendet werden.

- Bei 10 cm großer Baugruppe ist der minimale Durchmesser eines Testpunktes 0,8 mm, bei 30 cm großer Baugruppe 2,2 mm.
- Der minimale Abstand zwischen Testpunkten ist 1/10 Zoll (2,54 mm).
- Prüfflächen sollten mindestens 1,5 mm von den Bauteilkanten entfernt sein.
- Der Abstand vom Leiterplattenrand zu Testpunkten soll größer als 2 mm sein.
- Falls möglich, Testpunkte nur auf einer Leiterplattenseite anordnen.
- Wegen unsicherer Kontaktierung keine Bauteilanschlüsse direkt kontaktieren.
- Große Fine Pitch ICs auf der Oberseite der Leiterplatte platzieren.
- Quarze, Oszillatoren sollten abschaltbar sein.
- Batterien auf der Baugruppe sollten abtrennbar sein.
- Die Zeitdauer des IC-Tests einer Baugruppe sollte 10 bis 20 Sekunden nicht überschreiten.

Abb. 103: Beispiele für Prüfstifte des Nadelbettadapters

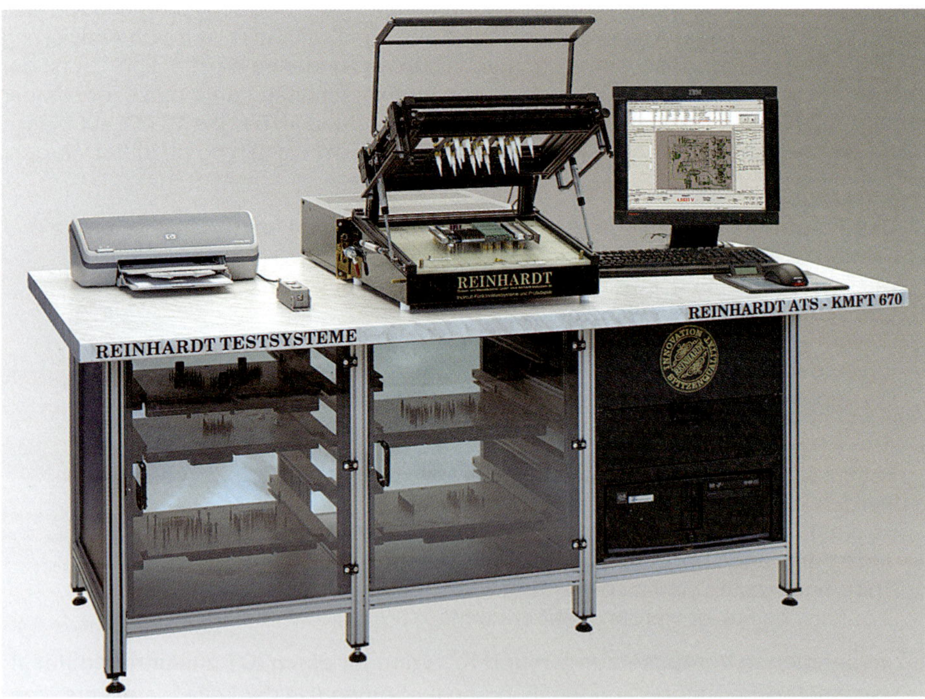

Abb. 104: Kombiniertes Incircuit- und Funktionstestsystem, Bildquelle: Peter Reinhardt, Geschäftsführer der REINHARDT System- und Messelectronic GmbH

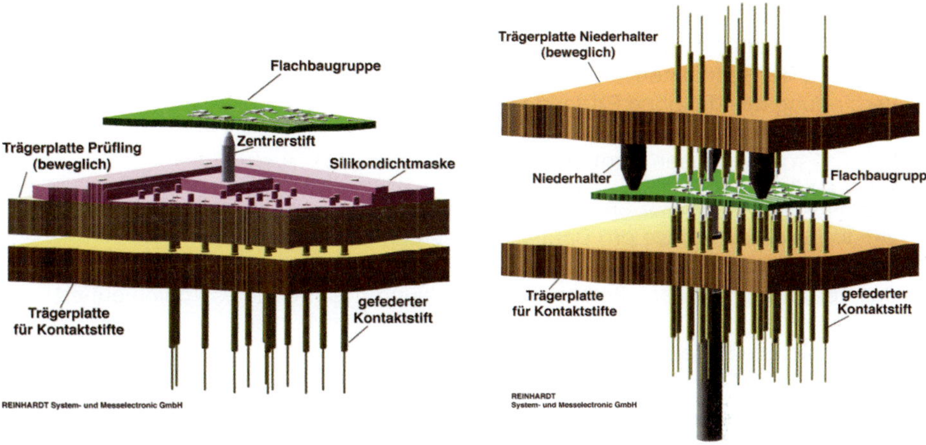

Abb. 105: Vakuumadapter (links) und Niederhalteradapter (rechts) für den IC-Test (Prinzipdarstellung)
Bildquelle: Peter Reinhardt, Geschäftsführer der REINHARDT System- und Messelectronic GmbH

5.1.2 Boundary-Scan-Test (BST)

5.1.2.1 Allgemeines zum Boundary-Scan-Test

Bei hoch integrierten elektronischen Baugruppen mit mehrlagigen Leiterplatten (Multilayer) und ICs mit sehr vielen Anschlüssen ist es nicht mehr möglich, ausreichend viele Prüfpunkte für einen Incircuit-Test auf der Leiterplatte unterzubringen. Um die darauf befindlichen Bauteile dennoch »incircuit« testen zu können, haben die führenden Halbleiterhersteller hierfür spezielle ICs auf den Markt gebracht.

Der BST ist durch den Standard IEEE1149.1 festgelegt, der von der »Joined Test Action Group« (JTAG) entwickelt wurde. Neben der eigentlichen Funktion der Bauteile sind an jedem Anschlusspin zusätzlich noch so genannte Boundary-Scan-Zellen integriert. Mit Hilfe dieser Zellen ist es möglich, jeden Pin des entsprechenden Bausteines als Ausgang und/oder als Eingang zu schalten. Über einen 4-Leiter-Bus erfolgt die serielle Stimulierung und Abfrage der Testzellen innerhalb der Bausteine.

Dieses Testverfahren ermöglicht bei rein digitalen Baugruppen das Testen von Verbindungen zwischen den ICs, um auf diesem Wege sicher Unterbrechungen und Kurzschlüsse festzustellen. Dazu müssen alle Bauteile im zu prüfenden Bereich mit Boundary-Scan-Zellen versehen sein, so dass sie mit Hilfe dieser Testmethode geprüft werden können. Es reicht auch nicht aus, BST-fähige ICs zu verwenden. Es muss eine Teststruktur entwickelt werden, welche die vier Leitungen, die für dieses Testverfahren benötigt werden, an die BST-fähigen ICs führt.

Analoge und passive Bauteile sind mit dieser Testmethode nicht testbar. Deshalb sollte diese Methode nur für rein digitale Baugruppen eingesetzt werden bzw. für Baugruppen, die extrem dicht bestückt sind.

Vorteile des BST

- geringe Investitionskosten
- Senkung der Testkosten
- Verbindungstest ist ohne Prüfnadeln möglich
- kein Nadelbettadapter erforderlich
- für alle Produktphasen (Prototyp, Serie) geeignet.

Nachteile des BST

- vier weitere Anschlüsse pro Bauteil erforderlich
- mehr Silizium im Bauteil erforderlich
- das Verfahren muss bereits bei der Entwicklung des Produktes implementiert werden
- nur für digitale Schaltungen geeignet.

5.1.2.2 Testverfahren, geeignete Hardware

Um das Boundary-Scan-Testverfahren näher zu verstehen ist es notwendig, den inneren Aufbau der für dieses Testverfahren geeigneten Bauteile zu kennen.

Jedes BST-fähige Bauteil, das in die Testkette eingegliedert werden soll, benötigt folgende Bestandteile (definiert im Standard IEEE1149.1):

1. Test Access Port (TAP)
2. TAP-Controller
3. Befehlsregister (»instruction register«)
4. ein oder mehrere Datenregister.

1. Test Access Port (TAP)

Die serielle Schnittstelle (bezeichnet als Test Access Port = TAP) stellt die Schnittstelle zwischen der in einem Baustein befindlichen Boundary-Scan-Logik und der Außenwelt dar. Der TAP besteht aus vier Leitungen mit den Signalen TCK, TMS, TDI und TDO, optional kann als fünfte Leitung die Resetleitung TRST hinzukommen.

Die Eingänge sind:
TCK = Test-Clock, dient als Takt für den BST
TMS = Test Mode Select, schickt Steuerbefehle an den TAP-Controller
TDI = Test Data In, Dateneingang
TRST = Test Reset (optional), versetzt alle Bauelemente in der Kette in den Anfangszustand

Der Ausgang ist:
TDO = Test Data Out, Datenausgang

Die Signale TCK und TMS (optional auch TRST) werden über Leitungen zu jedem BST-fähigen Bauteil geführt. Miteinander werden die BST-fähigen Bauelemente so verbunden, dass die TDI-Leitung mit dem TDI-Pin des ersten Bauteils und dann in einer Kette jeweils der TDO-Pin des vorangegangenen Bauteils mit dem TDI-Pin des nächsten Bauteils verbunden wird (Abb. 106). Der TDO-Pin des letzten Bauteils in der Kette bildet den Datenausgang. Diese Kette wird als *Scankette* oder *Scanpfad* bezeichnet. Auf

Baugruppen-Ebene spricht man vom *Testbus*. Durch diese Struktur ist gewährleistet, dass nie mehr als vier (optional fünf) Signalleitungen benötigt werden, unabhängig davon, wie viele Bauteile in die Scankette geschaltet werden.

In jedem BST-fähigen Bauteil sind TCK und TMS (wie auch TRST) direkt mit dem TAP-Controller (statisch) verbunden. Für dessen Zustand sind nur diese Signale verantwortlich. Somit befinden sich alle BST-fähigen Bauteile einer Scankette immer im gleichen TAP-Zustand. Deswegen müssen sich aber nicht alle Bauteile immer in der gleichen Betriebsart befinden. Diese wird nämlich nicht über den TAP-Zustand festgelegt, sondern über das Datenregister, das für jeden Baustein separat gesetzt wird.

Im Gegensatz zur statischen Zuordnung der Signale TCK und TMS ist die Auswahl des Registers, das zwischen TDI und TDO geschaltet wird, flexibel. Dabei wird zunächst im TAP-Controller entschieden, ob das Befehlsregister oder eines der Datenregister aktiviert wird. Im Falle eines Datenregisters basiert die weitere Auswahl auf der aktuell im Befehlsregister befindlichen Betriebsart.

2. TAP-Controller

Der TAP-Controller ist verantwortlich für die komplette Steuerung der Boundary-Scan-Logik im Baustein, er steuert die Testabläufe und erzeugt innere Takt- und Steuersignale. Er ist unter anderem dafür verantwortlich, ob eine Boundary-Scan-Zelle (BSZ) aktiviert bzw. deaktiviert wird und ob diese messen oder treiben soll. Das Herzstück des TAP-Controllers ist die TAP-state-machine. Die darin enthaltenen Zustände haben einen unterschiedlichen Einfluss auf die Steuerung der internen Boundary-Scan-Logik.

Der Wechsel von einem Zustand des TAP-Controllers in einen anderen erfolgt über die steigende Flanke am Test-Clock. Der Pegel des Signals TMS zu diesem Zeitpunkt ist entscheidend dafür, auf welchem von zwei Wegen ein Zustand verlassen wird.

3. Befehlsregister

Das Befehlsregister (instruction register) entscheidet über die Betriebsart des BST-fähigen Bauteils. Die Betriebsart hat wiederum Einfluss auf die Steuerung der Boundary-Scan-Zellen und auf die Auswahl des aktuell in die Scankette (Register zwischen TDI und TDO) geschalteten Datenregisters. Der Standard IEEE1149.1 definiert drei zwingend erforderliche Befehle:

- BYPASS
- SAMPLE/PRELOAD
- EXTEST.

Zusätzliche Befehle für optionale Betriebsarten sind erlaubt, z. B. die häufig angewandten Befehle IDCODE und HIGHZ. Ist der Idcode-Modus im Bauelement implementiert, so wird in dieser Betriebsart das Identifikationsregister des Bausteins ausgelesen.

In der folgenden Tabelle wird der Einfluss der Befehle auf das aktuelle Datenregister wie auch auf die Boundary-Scan-Zellen verdeutlicht. Die verschiedenen Datenregister werden später näher erklärt.

Betriebsart/Befehl	gewähltes Datenregister	Verhalten der Boundary-Scan-Zellen
BYPASS	bypass	inaktiv
SAMPLE/PRELOAD	boundary-scan	inaktiv
EXTEST	boundary-scan	**aktiv**
IDCODE	idcode	inaktiv
HIGHZ	bypass	TriState

Tabelle 7: Einfluss der Betriebsart auf Datenregister und Boundary-Scan-Zelle

Im Bypass-Modus wird statt des Boundary-Scan-Registers das Bypass-Register ausgewählt, um einzelne Bausteine vom Test auszuschließen. Dadurch ist es möglich, Bausteine einzeln zu testen.

Im Sample/Preload-Modus werden Teststimuli in das Boundary-Scan-Register geschoben, um die Daten dann in verschiedenen anderen Modi weiterzuverwenden.

Mit dem Extest-Modus können Leiterbahnen zwischen den einzelnen BST-fähigen Bausteinen getestet werden. Nachdem Testmuster mit Sample/Preload in das Boundary-Scan-Register geladen und dann die Testdaten ausgelesen wurden, können Ein- und Ausgabe verglichen und vorhandene Fehler entdeckt werden.

Jeder Befehl ist durch einen entsprechenden Befehlscode (Bitcode) definiert. Dieser kann von jedem Hersteller der BST-Bauteile frei definiert werden (ausgenommen ist der BYPASS Befehl, er muss vollständig aus Einsen bestehen). Auch die Länge des Befehlsregisters ist beliebig wählbar. Eine beispielhafte Zuordnung zeigt Tabelle 8. Dabei wurde die Länge des Befehlsregisters auf zwei Bit definiert.

Betriebsart/Befehl	Befehlscode (binär)
BYPASS	11
SAMPLE/PRELOAD	01
EXTEST	00

Tabelle 8: Beispiel für eine Befehlsregister-Definition

4. Datenregister

In einem BST-fähigen Bauteil können mehrere Datenregister enthalten sein. Sie dienen dazu, Informationen im Baustein abzulegen oder daraus auszulesen.

Der Standard IEEE1149.1 gibt minimal zwei zwingend notwendige Datenregister vor, diese sind das *Bypass-Register* und das *Boundary-Scan-Register*. Optional sind zusätzliche Register möglich, wie das 32 Bit lange Device-Identification-Register (bezeichnet als Idcode-Register) mit Daten des Herstellers. Ebenfalls optional ist ein anwenderspezifisches Datenregister für die Ablage eines eigenen Anwender-Kennungscodes.

Durch das Bypass-Register mit einer Länge von nur einem Bit besteht die Möglichkeit, den Baustein aus einem Verbund von Boundary-Scan-Bausteinen herauszulösen, diesen sozusagen zu umfahren (bypass). Soll ein Bauteil nicht getestet werden, so werden die Daten durch das Bypass-Register geschoben.

Das für einen Test wesentliche Datenregister ist das Boundary-Scan-Register, es stellt die Aneinanderreihung der einzelnen Boundary-Scan-Zellen dar. Da jedes Bauteil abhängig von der Größe des Chips und von der Anzahl der Anschlusspins eine andere Anzahl an Boundary-Scan-Zellen besitzt, ist die Länge dieses Registers variabel. Im Folgenden wird das aus den Boundary-Scan-Zellen bestehende Boundary-Scan-Register näher beschrieben.

Boundary-Scan-Zelle (Boundary-Scan-Register)

Die Boundary-Scan-Zelle (BSZ) ermöglicht es, den Anschlusspin eines Bauteils unabhängig von seiner normalen Funktion zu überprüfen. Um diese Aufgabe erfüllen zu können, befindet sich die Boundary-Scan-Zelle zwischen der Kernlogik eines Bauteils und dessen Peripherie, die aus den Eingangs- und Ausgangstreibern besteht.

Die Boundary-Scan-Zellen sind somit ein wesentlicher Bestandteil eines BST-fähigen Bauteils. Einerseits bilden sie die Verbindung zwischen den Anschlüssen eines Bauteils und der im Bauteil implementierten Logik. Über diese Verbindung können Daten zur und von der Kernlogik transportiert werden. In Abb. 106 entspricht dies der horizontalen Linie zwischen Bauteilanschluss und innerer Logik. Andererseits bilden die Boundary-Scan-Zellen aller Bausteine in der Scankette das gesamte Boundary-Scan-Register (innerhalb eines Bauteiles jeweils der senkrechte Pfad von TDI bis TDO als Teil der Scankette). Über TDI können Testmuster in das Boundary-Scan-Register geschrieben oder über TDO ausgelesen werden. Diese Testmuster werden dafür benutzt, sowohl die innere Logik der Bauteile als auch externe Verbindungen zu testen. Je nachdem, ob die Verbindungen eines Bauteils mit anderen Bauelementen auf einer Leiterplatte oder die innere Logik eines Bauteils getestet werden soll, kann in der BSZ der Weg der Daten festgelegt werden. Für den Test der äußeren Verbindungen werden die Daten über den Scanpfad-Eingang (erster TDI-Anschluss) in die Boundary-Scan-Zellen geschrieben (seriell in das Register geschoben) und dann an den Anschlüssen des Bauteils zur Verfügung gestellt. Für das Auslesen werden die Werte die am Bauteilanschluss anliegen über das Boundary-Scan-Register am Scanpfad-Ausgang (letzter TDO-Anschluss) bereitgestellt. Der Test der Kernlogik erfolgt auf die gleiche Weise, die Daten liegen dann aber nicht an den Anschlüssen der Bauteile an, sondern werden für die innere Logik bereitgestellt. Auf den genauen internen Aufbau einer Boundary-Scan-Zelle wird hier nicht eingegangen. Ebenso werden hier keine Boundary-Scan-Tools z. B. zur Erstellung von Prüfsoftware (automatische Generierung von Testvektoren) behandelt.

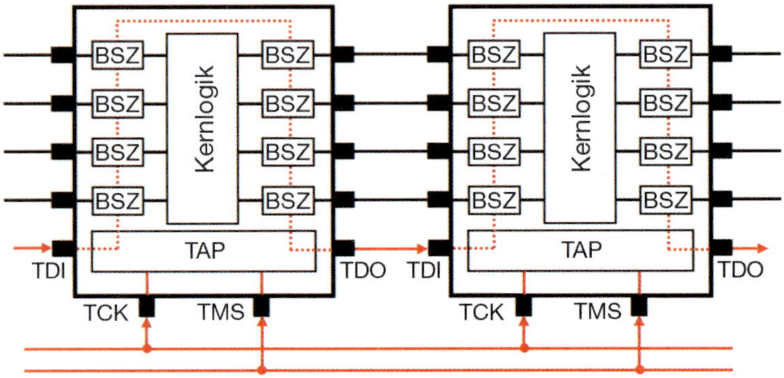

Abb. 106: Beispiel einer Verdrahtung von zwei BST-fähigen Bauteilen

5.1.3 Flying Probe Test (FPT)

Oft ist es notwendig, Prototypen oder kleinere Serien elektrisch zu prüfen. Damit eine Prüfung auf möglichst einfache und preisgünstige Art durchführbar ist, kommt eine teuere Adaptierung der Baugruppe über einen Vakuumadapter oder eine ähnliche mechanische Vorrichtung nicht in Frage. In diesem Bereich konnten sich die Flying Probe Testsysteme durchsetzen. Die zu prüfenden Bauteile werden beim »Flying Prober« direkt mit beweglichen Spitzen kontaktiert und dann vermessen. Die Messkriterien sind in der Regel die gleichen wie beim IC-Test (Kurzschlüsse, Unterbrechungen, Bauteilwerte etc.).

Jeder von bis zu sechs frei beweglichen und extrem schnellen Testköpfen beherbergt eine Prüfspitze, die sich für eine Messung auf den Prüfling absenken kann. Einer der Köpfe kann mit einem Kamerasystem ausgerüstet sein, das für die Erkennung der Lage des Prüflings und für einfache optische Kontrollen verwendet wird. Der Prüfling selbst befindet sich auf einem Transportband und wird während der Prüfung mechanisch festgehalten. Die Prüfspitzen bewegen sich nur wenige Millimeter über der Oberfläche des Prüflings von einem Testpunkt zum nächsten. Als Landeflächen für die Prüfspitzen reichen Flächen mit einem Durchmesser von 0,2 mm. Der komplette Prüfschritt besteht aus dem Anfahren der Prüfpunkte, dem Absenken der Prüfspitzen und der eigentlichen Messung durch die System-Messelektronik. Dieser Vorgang kann bis zu 25 mal pro Sekunde ausgeführt werden.

Das Prüfprogramm für den Prüfablauf kann aus den CAD-Daten der Baugruppe relativ schnell (meist innerhalb ein bis drei Arbeitstagen) erstellt werden. Durch den Entfall von Adapterkosten und die schnelle Erstellung des Prüfprogramms können auch geringe Stückzahlen von Baugruppen innerhalb eines akzeptablen Kostenrahmens automatisch getestet werden. Für sehr große Stückzahlen wird man jedoch ein Incircuit-Testsystem vorziehen, da dieses um den Faktor 50 bis 100 schneller arbeitet.

Ist die Leiterplatte noch nicht in ein Gehäuse eingebaut, so wird sie üblicherweise mit dem Incircuit-Test oder dem Flying Probe Test geprüft.

Nach dem Einbau der Leiterplatte in ein Gehäuse folgt ein Funktionstest und eventuell ein Run-In.

Abb. 107: Die Flying Probe Testspitzen kontaktieren Testpunkte auf einem Prüfling

5.1.4 Funktionstest (FKT)

Da der Funktionstest häufig der letzte Test vor dem Verpacken der Baugruppe ist, wird der Test auch als *Endtest* bezeichnet. Durch diesen Test wird sichergestellt, dass die Baugruppe so funktioniert, wie sie soll.

Im Unterschied zum Incircuit-Test findet keine Überprüfung auf Bauteilebene statt. Die Elektronikschnittstellen werden mit den realen Eingangsgrößen (z. B. Strom, Spannung, Widerstand usw.) beaufschlagt, und die entsprechenden Ausgangsgrößen werden gemessen bzw. aufgezeichnet. Der Prüfling wird also durch Anlegen von Eingangssignalen und Überwachung der Ausgänge durch geeignete Messmittel auf *einwandfreies Funktionieren aller Betriebszustände* hin überprüft. So wird gewährleistet, dass der Prüfling tatsächlich »funktioniert« und nicht »nur« richtig bestückt ist.

Das Endtestgerät (der Endtester) ist zwar ein speziell auf eine bestimmte Baugruppe abgestimmter Prüfaufbau, kann jedoch aus Standardgeräten wie Spannungsversorgungen, Strommessgeräten oder Standardkomponenten zusammengesetzt sein. Durch diese Standardisierung des Aufbaus des Endtesters lassen sich bis zu 80 % der Tester-Hardware für ein neues Projekt bzw. ein neues Produkt wieder verwenden. Der projektspezifische Teil wird in einem *Lasteneinschub* untergebracht. Dieser Einschub enthält die komplette Ein- und Ausgangsbeschaltung des Prüflings mit Original- oder Ersatzlasten. Dieser produktabhängige Anteil des Testschranks ist an die Eingangssignale und an die während des Betriebs anzusteuernden Lasten der zu prüfenden

Baugruppe angepasst. Nur dieser Einschub muss bei einem neuen Projekt neu erstellt werden. Die baugruppenspezifischen Lasten können z. B. ohmsche Widerstände, große Induktivitäten, Glühlampen, Relais oder Elektromotore sein.

In einem solch modular aufgebauten Endtester kann eine über einen Bus programmierbare *elektronische Last* als Ersatzlast für die Simulation von Kurzschlüssen, Überlastfällen oder Verbrauchern wie LEDs, Glühlampen, induktiven und ohmschen Lasten eingesetzt werden. Ein *Elektronikeinschub* bildet ein Baukastensystem mit unterschiedlichen Elektronik-Karten. Diese Einheit erledigt alle Schaltvorgänge, wie das Anlegen der Versorgungsspannungen, das Anlegen von Stimuli an die Eingänge und von Lasten an die Ausgänge der zu prüfenden Baugruppe. Der Elektronikeinschub leitet auch die Kommunikation mit dem Prüfling über z. B. LIN- und CAN-Bus weiter. Mit diesen Stimuli-, Mess-, Eingangs- und Ausgangskarten des modular konfigurierbaren

Abb. 108: Ein universell verwendbares, modular aufgebautes Endtestgerät (links), ein zugehöriger Lasteneinschub (rechts oben), ein als standardisiertes Baukastensystem ausgeführter Elektronikeinschub (rechts unten). Bildquelle: CGS – Computer Gesteuerte Systeme GmbH

Testsystems sind alle denkbaren Beschaltungen von zu testenden Baugruppen realisierbar. Mit einer Relaismatrix kann z. B. die elektronische Last an jeden Lastpin einer zu testenden Baugruppe angeschaltet werden.

Der Tester kann darüber hinaus nicht nur in der Produktion, sondern auch im Labor und bei der Qualifikation eingesetzt werden. So kann eine wirtschaftlich ideale Lösung bei Erfüllung aller Ansprüche bezüglich Testmöglichkeiten und Testgenauigkeit geschaffen werden.

Das für den Endtester erstellte Testprogramm überprüft alle Ausgangsgrößen der Baugruppe in den dafür vorgesehenen Grenzen. Die Messergebnisse werden häufig in einer Datenbank archiviert. Bei erfolgreichem Test kann am Ende des Tests ein Testprotokoll bzw. ein Testaufkleber ausgedruckt werden. Die Adaptierung der Baugruppen erfolgt beim Endtest meist über ihre von außen zugänglichen Stecker.

Die Erstellung des Testprogramms und die Fehlerdiagnose können sehr schwierig sein. Wird der Prüfling (DUT = **D**evice **U**nder **T**est) bereits in der Entwicklungsphase in Funktionsblöcke aufgeteilt und die Schaltung so entwickelt, dass sie blockweise getestet werden kann, so können sich Programmerstellung und Fehlerdiagnose vereinfachen.

5.1.5 Voralternde Prüfverfahren (Run-In, Burn-In)

Die so genannten »Frühausfälle« (z. B. der Videorekorder, der bereits zwei Tage nach dem Kauf nicht mehr funktioniert) werden mit dem Incircuit-Test und dem Funktionstest nicht entdeckt. Die Fehlerhäufigkeit von Baugruppen ist durch die Frühausfälle anfänglich relativ hoch und bleibt nach einigen Monaten auf einem wesentlich niedrigeren, konstanten Wert. Erst gegen Ende der Produktlebensdauer steigen die Fehler bedingt durch Alterung wieder an. Durch die Ähnlichkeit mit dem Querschnitt einer Badewanne wird die Anzahl der Fehler als Funktion der Zeit als »Badewannenkurve« bezeichnet.

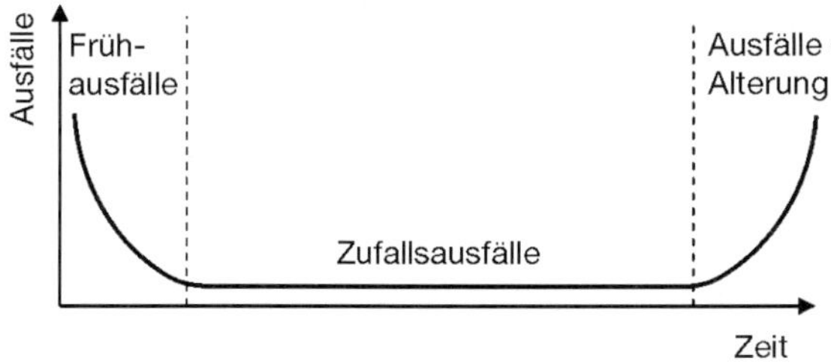

Abb. 109: Badewannenkurve

Um möglichst viele Frühausfälle noch vor der Auslieferung des Produktes an den Kunden finden zu können, werden die Baugruppen erhöhtem Stress ausgesetzt. Durch ein solches *Voralterungsverfahren* wird die Zeit bis zum möglichen Frühausfall reduziert, der Boden der Badewannenkurve wird in kürzerer Zeit erreicht als bei Betrieb ohne erhöhten Stress.

Folgende Methoden werden eingesetzt:

- Dynamischer Run-In
  Die Baugruppen werden unter realen Betriebsbedingungen über längere Zeit betrieben.

- Passiver Burn-In (Hochtemperaturlagerung)
  Die Baugruppen werden unter hoher Temperatur gelagert, evtl. bei angelegter Betriebsspannung, aber ohne Funktionsprüfung während der Lagerung. Anschließend erfolgt eine Überprüfung der Funktionen außerhalb der Temperaturkammer. Dabei werden natürlich nur während der Lagerung aufgetretene und anschließend noch bleibende Fehler erkannt.

- Aktiver Burn-In
  Die Baugruppen werden in einer Klimakammer kontaktiert und unter maximal zulässiger Betriebstemperatur von extern stimuliert. In einer Klimakammer kann zusätzlich zur Temperatur auch die Luftfeuchte variiert werden. Über geeignete Kontaktierungseinrichtungen werden die Baugruppen von einem außerhalb der Klimakammer aufgestellten Prüfautomaten überprüft, um auf diese Weise Ausfälle während des Tests erkennen zu können.

Die Dauer der Burn-In-Prüfungen beträgt typisch 4 bis 48 Stunden. Die optimale Prüfdauer ist produkt- und fertigungsspezifisch. Die Prüfdauer kann durch den Einsatz von dynamischen Temperaturzyklen stark reduziert werden. Dann sind jedoch höhere Heiz- und Kälteleistungen und damit höhere Investitions- und Energiekosten erforderlich.

Ein Run-In oder ein Burn-In kann auch nur für eine bestimmte Zeit bei Anlauf einer Serienproduktion durchgeführt werden. Ergeben die Fehlerauswertungen akzeptable Werte, so kann beschlossen werden, dass der Run-In entfallen kann.

5.2 Optische Tests

5.2.1 Automatische optische Inspektion (AOI)

Eine automatische optische Inspektion (AOI) von elektronischen Baugruppen führt gegenüber der traditionellen Sichtkontrolle zu einer konstanten Prüfschärfe und damit in der Serienfertigung häufig zu besserer Qualität. Die am weitesten verbreiteten Systeme basieren auf dem Einsatz von Bildverarbeitungssystemen mit Grauwert- oder Farb-CCD-Kameras. Bei der Inspektion von Elektronikbaugruppen stellen die extremen Helligkeitsunterschiede, welche z. B. durch Reflexionen an spiegelnden bzw. teilweise auch matt glänzenden Lötstellen hervorgerufen werden, eine große Schwierigkeit für eine gesicherte Bildaufnahme und Bildauswertung dar. Dies wirkt sich besonders beim Einsatz der CCD-basierenden Verfahren für die Lötstelleninspektion negativ auf die Erkennungssicherheit der Systeme aus, bzw. führt zu erheblichen Aufwendungen bei der Feinanpassung der Testprogramme.

Zusätzlich kann jede Veränderung der Prozessparameter zu anderen optischen Ergebnissen führen. Damit kann jede Auflage eines neuen Fertigungsloses erneute Programmanpassungen erforderlich machen. Diese Aufwendungen sind meist nur für Großserien wirtschaftlich.

Beim Einsatz von AOI-Systemen zur Qualitätskontrolle kann nach unterschiedlichen Prüfstrategien vorgegangen werden. Eine Prüfung nach jedem einzelnen Fertigungsschritt würde ein sehr hohes Investitionsvolumen mit sich bringen, und wird deshalb nur sehr begrenzt angewendet. Je nach Prüfstrategie werden Zeitpunkt und Umfang der AOI gewählt.

Zeitpunkt der AOI

In Abhängigkeit von der Art und Stabilität des Fertigungsprozesses kann die Prüfung z. B. erfolgen:

- vor dem Reflow-Lötprozess (nach der SMD-Bestückung)
- nach dem Reflow-Lötvorgang
- nach dem Incircuit-Test.

Umfang der AOI

Der Einsatz eines AOI-Systems erfolgt mit dem Ziel, die beim elektrischen Testverfahren nicht erkennbaren Fehler durch die optische Inspektion abzudecken. Die Tests können z. B. folgende Punkte umfassen:

- Vorhandensein und Lagerichtigkeit (Versatz, Winkel) von Bauelementen
- Polarität von Elektrolytkondensatoren und ICs
- Bauelemente-Typ
- richtige Bestückung mechanischer Bauelemente (z. B. Kühlkörper, Steckverbinder, Montageelemente).
- Lötstellenprüfung an allen Bauteilen (SMD und THT)
- Koplanarität und Bauteilhöhenmessung
- Erkennung der Bauteilebeschriftung.

Speziell zur Lötstellenprüfung ist folgendes zu sagen:

Die korrekte Ausbildung intermetallischer Zonen (Legierungsbildung) ist Voraussetzung für die dauerhafte mechanische Stabilität einer Lötverbindung. Sie ist wesentlich abhängig von der Einhaltung des richtigen Temperaturprofils. Aufschluss über die während des Lötprozesses erreichten Temperaturen gibt die optische Inspektion der Lötstellen nach dem Löten. Bei einer kalten Lötstelle wurde nicht ausreichend Wärme zugeführt, um eine intermetallische Verbindung zu erzeugen. Sie erscheint matt und stumpf. Eine gute Lötstelle hingegen, bei der die richtige Löttemperatur erreicht und die intermetallischen Schichten korrekt ausgebildet wurden, zeigt etwas Glanz. Bei bleifreien Loten ist dieser Glanz allerdings geringer als bei früheren Lötstellen mit bleihaltigem Lot. Die optische Inspektion sollte Bestandteil des Qualitätssicherungssystems sein, um verlässliche Informationen über die Qualität des Reflow-Lötergebnisses zu erhalten.

5.2.2 Automatische Röntgeninspektion (AXI)

Bei optischen Inspektionssystemen gibt es Schwierigkeiten, falls nicht alle Lötstellen sichtbar sind (wie bei BGA-Bauteilen), Lötstellen nur teilweise sichtbar sind (wie bei J-Lead Bauteilen), oder Lötstellen kritisch sind (wie bei Fine Pitch-Bauteilen). Eine quantitative Auswertung z. B. der Lotmenge ist dann nicht möglich.

Für eine umfassende Qualitätskontrolle der Lötstellen werden dann Röntgensysteme eingesetzt, es findet eine automatische Röntgeninspektion statt (AXI = **A**utomated **X**-Ray **I**nspection).

Die AXI erlaubt differenziertere Diagnosemöglichkeiten als die optische Inspektion, da nicht nur die Oberfläche, sondern das gesamte Volumen einer Lötverbindung erfasst wird. Mit Hilfe der Röntgenprüfung können Qualitätsmerkmale von Lötstellen kontrolliert werden, die einer optischen Prüfung nicht zugänglich sind. Es können z. B. Lotmenge, Lunker[7], die Benetzung oder die Ausprägung der Lotmenisken erfasst werden. Diese Größen beeinträchtigen zwar innerhalb eines gewissen Toleranzbereiches die Funktion der Baugruppe nicht, sind aber trotzdem von Interesse. Zum einen können dadurch frühzeitig Instabilitäten im Prozess erkannt werden. Zum anderen sind diese Größen wichtig für die Langlebigkeit einer Lötstelle unter schwierigen Einsatzbedingungen (bei mechanischer und thermischer Wechselbelastung).

5.3 Weitere Tests

Es werden kurz noch einige Testarten beschrieben, die je nach Anwendungsbereich und Einsatzort einer elektronischen Baugruppe notwendig sein können. Diese Tests werden nicht alle während der laufenden Serienfertigung von Baugruppen durchgeführt, sondern finden oft vor der Freigabe des Kunden zur Serienlieferung im Zuge von qualitätssichernden Maßnahmen statt.

5.4 Umwelttests

Umwelttests umfassen z. B. Tests auf *Temperatur, Klima* (Kombination von Temperatur und Luftfeuchte, evtl. Luftdruck), mechanischer *Vibration* oder mechanischer *Schock*.

Temperaturtests können von anderen Tests getrennt durch einen Burn-In oder Run-In erfolgen. Bei einem Klimatest ist die zu testende Baugruppe in einem Klimaschrank entweder bei einer festen Temperatur oder bei Temperaturzyklen und bei bestimmten Luftfeuchtigkeiten in Betrieb, und es werden Funktionstests durchgeführt. Muss eine Baugruppe in großer Höhe funktionieren, so müssen Funktionsprüfungen bei Schwankungen des Luftdrucks zum Nachweis der Höhenfestigkeit erfolgen.

7 Lunker sind kleine Hohlräume durch Luft- oder Gaseinschlüsse im Materialgefüge. Lunker sind Schwachstellen im Werkstoff, von denen bei Belastung Brüche ausgehen können.

Zur Bestätigung der Unempfindlichkeit einer Baugruppe gegenüber einer Beanspruchung durch Schütteln wird eine *Vibrationsprüfung (Schwingtest)* durchgeführt. Dazu wird der Prüfling auf der Montageplatte eines Schwingungstisches (*shaker*) befestigt. Die Montageplatte wird bei der Prüfung von einem elektrodynamischen Schwingungserreger (elektromagnetischen Vibrator) mit unterschiedlichen Frequenzen, Amplituden und Beschleunigungen bewegt. Dabei kann ein bestimmtes Frequenzband durchlaufen werden, oder es erfolgt eine Prüfung mit einem Rauschsignal (mit stochastischem Auftreten der Frequenzkomponente).

Dass eine Baugruppe einen mechanischen Schock aushält, wird durch eine Freie-Fall-Prüfung (*Falltest, Schocktest*) überprüft. Mehrere Prüflinge werden z. B. aus einem Meter Höhe auf einen harten Untergrund fallen gelassen. Die Lage beim Aufprall kann definiert werden (z. B. auf eine Ecke des Gehäuses), ebenso kann festgelegt sein, ob die Prüflinge verpackt oder unverpackt sind. Nach dem Falltest werden die Prüflinge einer Funktionsprüfung unterzogen. Art und Umfang der Schädigung eines Gehäuses kann definiert werden.

Müssen Baugruppen vor dem Eindringen von Wasser geschützt sein (z. B. in der Kraftfahrzeugelektronik), so werden sie auf Dichtigkeit des Gehäuses geprüft. Spritz- oder Strahlwasser darf die Elektronik nicht beschädigen oder zu Fehlfunktionen führen. Das Gleiche gilt für eine mögliche Belastung durch Staub.

Auch der Nachweis des *Selbstverlöschens* oder einer *schweren Entflammbarkeit* des Gehäuses oder von Komponenten einer Baugruppe können als Test vom Kunden verlangt werden.

Bei einem *Lebensdauertest* sind eine definierte Anzahl von Baugruppen (z. B. fünf Stück) im Dauerbetrieb (24 Stunden pro Tag) über eine Zeitdauer von z. B. 12 Wochen. Während dieser Zeit werden Funktionstests durchgeführt, es wird ständig überwacht, ob eine Baugruppe ausfällt. Dieser Test kann auch bei erhöhter Umgebungstemperatur durchgeführt werden.

5.5 EMV-Tests

Durch EMV-Prüfungen wird die elektromagnetische Verträglichkeit eines elektrischen oder elektronischen Systems oder einer Baugruppe nachgewiesen. Entsprechend dem Produkt und dessen Einsatzgebiet müssen gesetzliche Vorschriften bezüglich störungsfreien Betrieb und Immunität bei externen Störungen sowie Einhaltung von Grenzen der Störaussendung erfüllt werden. Die eingesetzten Prüf- und Messmethoden, Grenzwerte und Frequenzbereiche sind unterschiedlich.

Allgemein wird zwischen *Störfestigkeitsprüfungen* und *Störaussendungsmessungen* unterschieden. *Galvanisch*, *kapazitiv* oder *induktiv gekoppelte* Prüfungen umfassen leitungsgeführte Störungen, z. B. Störimpulsfestigkeit, Verträglichkeit gegenüber elektrostatischen Entladungen. Eine *strahlungsgekoppelte* Prüfung erfolgt über ein elektromagnetisches Feld (eine Funkwelle).

Mit der Prüfung der galvanisch gekoppelten Störungen wird die Unempfindlichkeit gegenüber Störungen auf den Anschlussleitungen festgestellt (z. B. Betriebsspannung, Signal-Ein- und Ausgänge) bzw. es wird getestet, welche Störungen auf diesen Leitungen erzeugt werden. Die Messungen simulieren Einbrüche der Versorgungsspannung, Einwirkungen von Schaltstörungen und elektrostatischen Entladungen (ESD).

Bei kapazitiv gekoppelten Prüfungen werden Störsignale durch eine so genannte kapazitive Koppelzange injiziert.

Um z.B. die Wechselwirkungen des Kabelbaums in einem Kraftfahrzeug zu prüfen, werden mit dem Magnetfeld einer Stromkoppelzange hochfrequente Ströme in Leitungen oder Leitungsbündel eingeprägt (BCI = **B**ulk **C**urrent **I**njection). Diese Stromeinprägung darf den Prüfling in seiner Funktion nicht beeinträchtigen.

Strahlungsgekoppelte Prüfungen werden in unterschiedlichen Messumgebungen zur Prüfung von Ein- und Abstrahlung elektromagnetischer Wellen durchgeführt. Dazu gehören Freifeldmessplätze, spezielle Vorrichtungen (Antennen, Messempfänger, Absorberräume zur Nachbildung von Freifeldbedingungen) und besondere Testkammern (TEM-Zelle zur Erzeugung transversaler elektromagnetischer Felder für die Prüfung der Störfestigkeit).

5.6 Selbsttest

Beinhaltet eine elektronische Baugruppe einen Mikroprozessor oder einen Mikrocontroller, so sollte von der Entwicklung auf alle Fälle ein Selbsttest (BIST = **B**uilt **I**n **S**elf **T**est) vorgesehen werden. Üblicherweise wird dieser Selbsttest als Einschaltselbsttest (POST = **P**ower **O**n **S**elf **T**est) realisiert. Wird die Spannungsversorgung an die Baugruppe angelegt, so wird beim Bootvorgang zuerst ein Code im Programmspeicher abgearbeitet, der die Funktionsweise bestimmter Komponenten der Hardware auf der Leiterplatte der Baugruppe überprüft. Das Testergebnis kann akustisch oder optisch nach außen mitgeteilt werden. Falls ein Fehler vorliegt, wird meist jede weitere Arbeitsweise abgebrochen. Verläuft der Selbsttest fehlerfrei, so werden anschließend die im Programmcode festgelegten Funktionen ausgeführt. Im Folgenden werden einige Tests beschrieben, die während eines Selbsttests ausgeführt werden können.

CPU-Test, Register-Test

Mit diesem Test überprüft ein Controller seine eigene Hardware. Aus dem Befehlsvorrat können Befehle zur Verarbeitung willkürlich ausgewählter Daten ausgeführt und das Ergebnis mit dem zu erwartenden Ergebnis verglichen werden. Bei diesem Test werden auch alle CPU-Register überprüft. In ein Register wird z.B. der Wert 55 Hex geschrieben, dann wieder ausgelesen und geprüft. Danach erfolgt bei dem Register der gleiche Vorgang mit AA Hex. Es kann auch eine Schiebeoperation auf ein Bitmuster in einem Register angewandt und nach Auslesen des Registers mit einem erwarteten Wert verglichen werden.

Port-Test

Wird in der Schaltung die Möglichkeit vorgesehen, dass vorübergehend einzelne Ports zurückgeschleift und durch andere Ports gelesen werden können, so können die Ports auf richtiges Ausgeben und Einlesen getestet werden.

ADC-Test

Ein Analog-Digital-Wandler (ADC = **A**nalog **D**igital **C**onverter) kann bestimmte Spannungen messen. Damit wird die Funktionsweise des ADC und zugleich der Spannungswert geprüft.

Schnittstellen-Test

Kann der Ausgang einer seriellen Schnittstelle zur asynchronen Datenübertragung (UART = **U**niversal **A**synchronous **R**eceiver **T**ransmitter) vorübergehend auf den Eingang dieser Schnittstelle geschaltet werden, so kann die Funktionsweise von Sender und Empfänger getestet werden.

ROM-Test

Der Test des ROM-Inhaltes (ROM = **R**ead **O**nly **M**emory) prüft, ob der Programmcode unversehrt ist. Eine Möglichkeit ist, eine Exclusiv-ODER-Verknüpfung (XOR) aufeinander folgender Bytes zu bilden und diese XOR-Checksumme direkt nach dem Programmcode im Speicher abzulegen. Es wird also eine XOR-Verknüpfung von Byte 1 mit Byte 2 gemacht, das Ergebnis wird mit Byte 3 XOR-verknüpft, usw. Die Checksumme bildet im ROM einen festen Bestandteil des Programmcodes für den Selbsttest des ROMs, dies muss bei der Erstellung des Programmspeichers berücksichtigt werden. Beim Selbsttest wird die XOR-Checksumme über den Programmcode erstellt und mit der abgelegten Checksumme XOR-verknüpft. Ist das Ergebnis 00 Hex, so sind Programmcode und die im ROM abgelegte Checksumme wahrscheinlich unversehrt. Dieser sehr einfache Test braucht wenig Zeit, ist aber auch ungenau, da sich Fehler an der gleichen Stelle innerhalb mehrerer Bytes gegenseitig aufheben können.

Eine weitere, wesentlich genauere Möglichkeit einen ROM-Test durchzuführen, bietet die zyklische Redundanzprüfung (Verwendung der CRC-Checksumme, CRC = **C**yclic **R**edundancy **C**heck). Nach einem Verfahren, das auf der Polynomdivision beruht, wird für einen Datenblock ein so genannter CRC-Wert berechnet und nach dem Datenblock im Speicher abgelegt. Wird der Speicher überprüft, so wird die selbe Berechnungsmethode auf den Datenblock einschließlich des CRC-Wertes angewandt. Ist das Ergebnis null, so ist der Datenblock sehr wahrscheinlich unverfälscht. Auf weitere Einzelheiten dieses Verfahrens wird hier nicht eingegangen.

RAM-Test

Ein einfacher Test des Arbeitsspeichers (RAM = **R**andom **A**ccess **M**emory) kann darin bestehen, verschiedene Bitmuster wie 00 Hex, FF Hex, 55 Hex, AA Hex jeweils in eine Speicherstelle zu schreiben und wieder auszulesen. Bei erfolgreichem Vergleich wird mit dem nächsten Wert bzw. mit der nächsten Speicherstelle fortgefahren. (Es wurde eine Wortbreite von 8 Bit angenommen.)

Weit verbreitet sind Tests, die »Walking 1« und »Walking 0« genannt werden. Die Namen sind von den Bitmustern abgeleitet, die während des Tests in den Speicher geschrieben werden. Der Ablauf des Walking 1-Tests ist folgender: In alle Speicherstellen des RAM wird 00 Hex geschrieben. Dann wird in die erste Speicherstelle das Bitmuster 00000001 geschrieben. Die Speicherstelle wird gelesen und mit dem geschriebenen Muster verglichen. Bei Übereinstimmung (= kein Fehler) wird in die selbe Speicherstelle das Bitmuster 00000010 geschrieben und anschließend wieder gelesen. So wird fortgefahren, bis mit dem Bitmuster 10000000 eine 1 in jedes Bit der Speicherstelle geschrieben wurde. Darauf folgt nach der gleichen Vorgehensweise der Test der zweiten Speicherstelle beginnend mit dem Bitmuster 00000001. Beim Walking 0-Test wird zur Initialisierung in alle Speicherstellen des RAM FF Hex geschrieben und zum Testbeginn statt des Bitmusters 00000001 das Bitmuster 11111110 verwendet.

Es gibt noch einige weitere RAM-Tests, sie hängen z. B. auch von der Art des Speicheraufbaus (dynamisch, statisch) ab. Sie können sehr zeitintensiv sein, häufig muss ein Kompromiss zwischen Zeitbedarf und Genauigkeit eingegangen werden.

6 Integration von Schaltungen

Hier werden kurz noch einige Methoden der Integration vorgestellt, mit denen ebenfalls elektronische Baugruppen erstellt werden können, statt diese auf einer Leiterplatte aufzubauen.

Bei den integrierten Schaltungen unterscheidet man grundsätzlich zwischen analogen und digitalen ICs. Außerdem wird zwischen *monolithischer*, *hybrider* und der *Multichip*-Bauweise (*MCM*, Multi Chip Module, auch »Chip-Carrier«) unterschieden.

6.1 Monolithische Integration

Diese Art der Integration bezieht sich nicht auf Baugruppen, sondern auf elektronische Bauteile. Bei monolithischer Integration werden alle Funktionen auf einem Substrat (Halbleiterplättchen aus monokristallinem Silizium, *Chip* oder *Die*) durch Halbleitertechnologie realisiert. Es entstehen in sehr hohen Stückzahlen produzierte ICs mit digitalen (z. B. Logikgatter) oder analogen (z. B. Operationsverstärker) Grundfunktionen für Standardanwendungen.

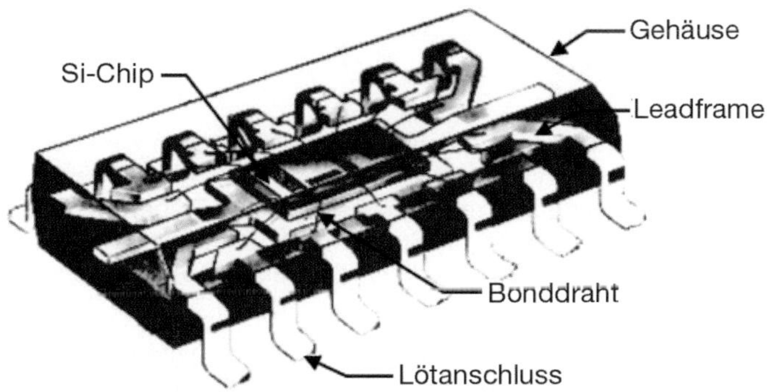

Abb. 110: Querschnitt einer monolithisch integrierten Schaltung

6.2 Hybride Integration

Bei hybrider Integration werden einzelne Komponenten separat mit unterschiedlicher Technologie hergestellt, anschließend auf einem Substrat platziert und elektrisch verbunden. Bei einer Hybridschaltung kommen also verschiedene Fertigungstechnologien zum Einsatz. Der elektronische Schaltkreis kann aus dem Trägermaterial, Chips, konventionellen Bauteilen und SMD-Bauteilen bestehen. Die Hybridtechnik hat gegenüber der konventionellen Leiterplattentechnik folgende Vorteile:

- erhebliche Platzersparnis und hohe Bauteildichte durch gedruckte Dickschichtwiderstände, unverpackte Halbleiter und SMD-Bauteile

- bessere Wärmeableitung und -verteilung durch Keramik
- hohe Zuverlässigkeit durch eine geringe Anzahl von Lötverbindungen
- verbesserte elektrische Eigenschaften, kürzere Schaltzeiten, höhere Störsicherheit
- sehr hohe Temperatur- und Langzeitstabilität.

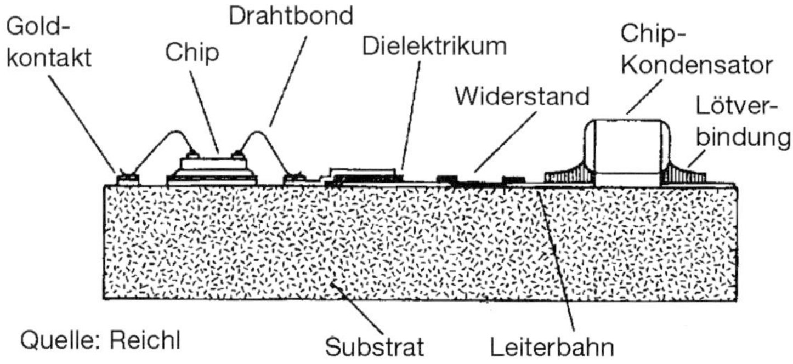

Abb. 111: Hybridintegration

Unter dem Begriff der Hybridschaltungen werden die integrierten *Schichtschaltungen* zusammengefasst, die wiederum in *Dickschicht-* und *Dünnschicht*-Schaltungen unterteilt werden.

Bei der Dickschichttechnik (auch als Dickfilmtechnik bezeichnet) werden zur Herstellung der eigentlichen Schaltung im Siebdruckverfahren dünne Schichten (8...50 µm) einer Paste aus Metalloxiden auf das Substrat (meist ein keramischer Träger, Al_2O_3-Keramik) gedruckt und eingebrannt. So entstehen z. B. Leiterbahnen und Widerstände. Aktive und in Dickschicht nicht realisierbare Bauteile werden als SMD- Bauelemente aufgelötet.

Bei der Dünnschichttechnik verdampfen Metalle im Hochvakuum und hinterlassen sehr dünne Schichten in der Größenordnung von 0,1 µm, die galvanisch auf 3 µm verstärkt werden. Aus Preisgründen konnte sich die Dünnschichttechnik nicht breit durchsetzen. Im Folgenden wird deshalb nur die Herstellung eines ICs in Dickschichttechnik etwas näher erläutert.

Herstellung einer Dickschichtschaltung

Siebdruck

Bei einer Dickschichtschaltung erfordern die verschiedenen Schichten auf dem Keramiksubstrat jeweils die Entwicklung eines eigenen Siebes für den Siebdruck-Automaten. Jedes Sieb besteht aus einem Stahlgeflecht und ist an den Stellen durchlässig, an denen die Druckpaste durchgeführt werden soll. Beim Siebdruck wird die Paste auf das Sieb aufgetragen, und ein *Rakel* (eine Art Spachtel) streicht sie über das Sieb. Die Dicke der Schicht hängt u. a. von folgenden Faktoren ab: Der *Mesh-Zahl* des Siebes (Anzahl der Maschen pro Zoll), der Viskosität der Paste und von Rakeldruck und Rakelgeschwindigkeit.

Die Schichten werden in folgender Reihenfolge gedruckt, getrocknet und gebrannt: Zuerst die Leiterbahnschicht, dann eine Isolationsschicht aus Glas-Keramikpaste bei Leiterbahnüberkreuzungen, gefolgt von verschiedenen Widerstandsschichten und einer Goldschicht für Bonddrähte. Zuletzt wird eine Schutzschicht aus Glas eingebrannt. Zum Schutz vor Oxidation werden dann noch die Lötpads mit einer Schichtdicke von ca. 20 µm vorverzinnt.

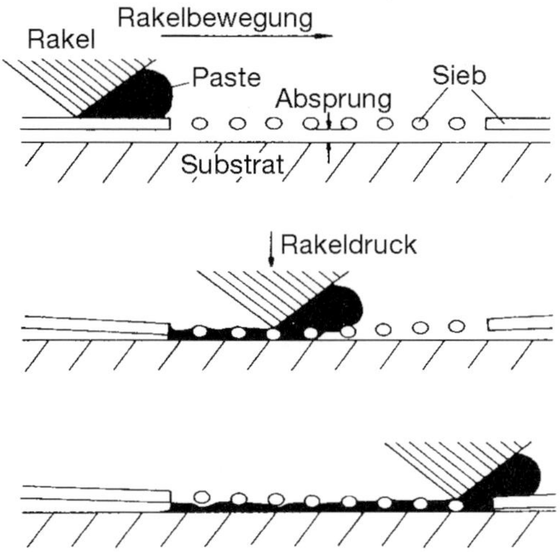

Abb. 112: Auftragen einer Paste mittels Siebdruck

Die-Bonden

Nachdem die Schaltungen gereinigt worden sind, erfolgt das Die-Bonden, d.h. das Aufbringen kleiner Chips. Unter *Bonden* versteht man allgemein das Verbinden einzelner Teile oder Komponenten. Die-Bonden bedeutet die mechanische Befestigung eines Chips. Ein *Chip* oder *Die* ist ein ungehäustes, unverpacktes Halbleiterbauteil oder ein IC mit äußerst kleinen Abmessungen. Damit ein Chip einen Halt auf dem Träger (auf einer Dickschichtschaltung oder auf einer bondbaren Leiterplatte) findet, muss zunächst auf die entsprechende Stelle je nach Bauteil Leit- oder Nichtleitkleber aufgebracht werden. Stellt der Boden eines Bauteils einen Bauteilanschluss dar (z. B. der Kollektor bei einem Transistor), so wird Silberleitkleber verwendet. Nichtleitkleber wird z. B. bei Bauteilen mit isolierter Bodenfläche wie den ICs eingesetzt. Das Aufsetzen der Chips kann entweder mit einem manuell zu bedienenden Die-Bondgerät oder durch einen vollautomatischen Die-Bonder erfolgen. Nach dem Die-Bonden muss der Kleber in einem Ofen aushärten.

Wire-Bonden

Die aufgesetzten Dies sind bei Nichtleitkleber noch nicht oder bei Leitkleber nicht mit allen Bondpads verbunden. Daher müssen kleine Drahtverbindungen vom Chip zu den Pads hergestellt werden. Das *Drahtbonden* (wire bonding) ist ein Mikropress-

Schweißverfahren, bei dem gleich- oder verschiedenartige Werkstoffe durch die zeitlich begrenzte Einwirkung von Druck sowie Temperatur und/oder Ultraschall im festen Zustand miteinander verbunden werden.

Beim Drahtbonden wird Aluminiumdraht (typ. 0,032 mm Durchmesser) oder Golddraht (typ. 0,025 mm Durchmesser) mit den Pads verschweißt. In Leistungsmodulen werden beim Dickdrahtbonden Al-Drähte mit einem Durchmesser bis zu 0,5 mm verwendet. Die Kontaktstellen können als Keil (*Wedge*) oder Kugel (*Ball*) ausgeformt sein. Die eingesetzten Verfahren benutzen Ultraschallenergie (*Ultrasonic-Bonden*) oder Temperatur und Druck (*Thermokompressionsbonden*) oder eine Kombination aus beiden Methoden (*Thermosonic-Bonden*). Die Bonddrähte sind umso dicker zu wählen, je größer die Strombelastung ist. Da offene Bonddrähte sehr empfindlich gegen Berührung oder aggressive Umwelteinflüsse sind, werden sie anschließend mit einer speziellen Chipabdeckpaste versiegelt, die an die Eigenschaften des Substrats angepasst ist.

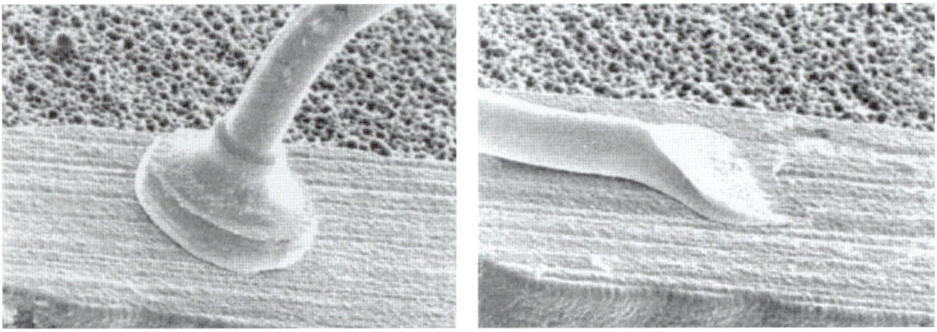

Abb. 113: Ball-Bondstelle (links), Wedge-Bondstelle (rechts)

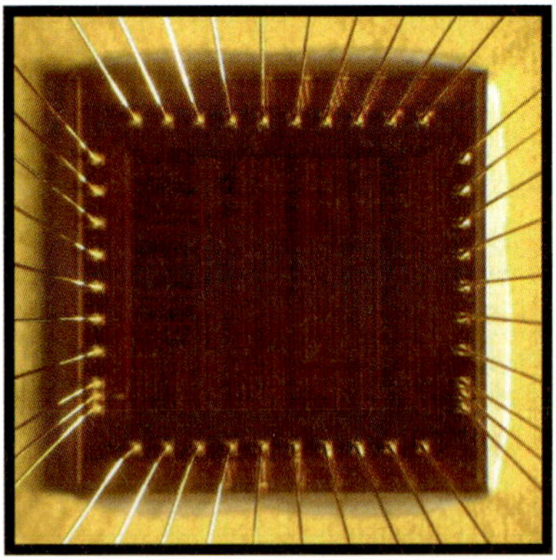

Abb. 114: Elektrische Verbindungen zwischen Chip und Substrat durch Bonddrähte

Flip-Chip-Bonden

Das Flip-Chip-Bonden ist ebenso wie das Drahtbonden ein Verfahren zur elektrischen Kontaktierung eines Halbleiterchips mit Schaltungsträgern (einem Keramiksubstrat oder einer Leiterplatte). Der ungehäuste Chip wird mit so genannten »*Bumps*« versehen. Dies sind kleine Kontaktierhügel (»Goldpilze«), die auf der Oberseite des Chips an seinen Kontaktierungsstellen angebracht werden. Der Chip wird dann mit seiner Oberseite bzw. Anschlussseite kopfüber nach unten auf das Substrat gesetzt, wobei die Bumps auf die Anschlusspunkte des Substrats zu liegen kommen. Die elektrische Verbindung erfolgt durch Thermokompressionsbonden oder Reflowlötung. Das besondere an diesem Verfahren ist, dass der mechanische und der elektrische Kontakt direkt, und nicht wie sonst üblich, über empfindliche Bonddrähte oder Chipgehäuse hergestellt wird.

Vorteile des Flip-Chip-Bonden:

- Kurze Kontaktwege
- Hohe Packungsdichte
- Kleine Gehäuse
- Die Bondpads können überall auf dem Chip angeordnet werden, und sind nicht nur auf den Rand beschränkt.
- Es sind keine empfindlichen Bonddrähte vorhanden.
- Gute Justierung des Chips zum Substrat
- Geringe parasitäre Induktivitäten

Nachteile des Flip-Chip-Bonden:

- Bumps müssen hergestellt werden.
- Substrate müssen sehr eben sein, da die Bumps nur einen geringen Höhenunterschied ausgleichen.
- Der Chip ist nicht großflächig mit dem Substrat verbunden. Dies bedeutet schlechte Wärmeableitung, thermische Spannungen belasten die elektrischen Verbindungen. Die Bumps müssen weich sein, um die Spannungen aufzunehmen.

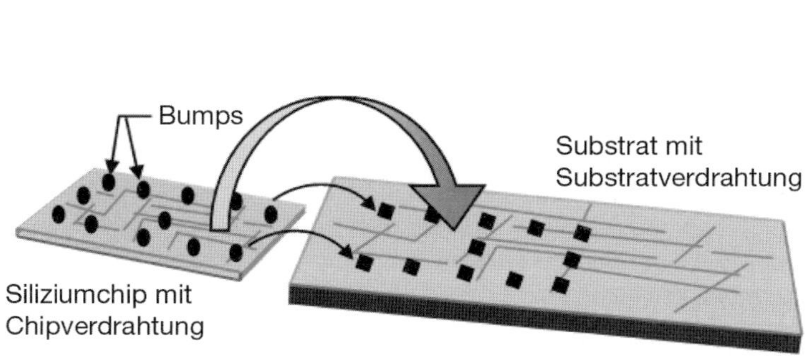

Abb. 115: Beim Flip-Chip-Bonden wird der Chip »face down« direkt auf das Substrat gebondet.

6.3 Multi Chip Module

Multi Chip Module sind Funktionsbaugruppen, bei denen die aktiven und passiven Komponenten (evtl. auch mehrere Chips) ohne eigenes Gehäuse auf einem geeigneten Verbindungsträger untergebracht und miteinander verbunden sind. Das Ergebnis ist eine erhebliche Flächen-, Volumen- und Gewichtseinsparung gegenüber einem Aufbau mit gehäusten Bauteilen. MCM erhalten entweder ein eigenes Gehäuse oder werden innerhalb eines gesamten Gehäuses nach außen geschützt.

Literaturverzeichnis

AB Mikroelektronik GmbH: Flip-Chip auf Al_2O_3 Keramik, 06/2002

Adam Osseiran, FLUENCE Technology Inc.: IEEE 1149.4 Analog and Mixed-Signal Test Bus Standard

Bennetts, R. G.: Boundary Scan Tutorial, 09/2002

Bieneck, W.: Elektro T, Grundlagen der Elektrotechnik, Holland + Josenhans Verlag, Stuttgart 1996

Cuno, H.: Dickschicht- und SMD-Technik, 08.06.2002

Diepstraten, G.: Selektives Löten in der Fertigung, Vitronics Soltec, Osterhout/Niederlande

Eckert, H.U.: Bleifreie Lote - Möglichkeiten zur Umsetzung des Entwurfs der europäischen Elektroschrott-Richtlinien und der Verwertung von Altfahrzeugen, Enthone OMI (Deutschland) GmbH, Solingen

Fachhochschule Münster: Praktikum Hybridtechnologie

Fachhochschule Rosenheim: Studentisches Projekt Bestückungsautomat, 1998/99

Filor, U.: Wie funktioniert das Dampfphasenlöten?, productronic 9 , 02

Fischer, J., Herwerth, D., Kugel, B.: Technologie der Fertigungsverfahren, FH Karlsruhe, Mai 2001

ibl-loettechnik: Prozessablauf der Wärmeübertragung in der Dampfphase

Infinoon technologies: Verarbeitungshinweise, Application Support, Sep. 2002

Kokott, J.: Strategien für die optische Qualitätsprüfung in der Elektronikfertigung, GÖPEL electronic GmbH, Jena

Loctite: Loctite-Produkte für die Elektronikindustrie

Prüftechnik Schneider & Koch Ingenieurgesellschaft mbH: Prüfmethoden und Fehlersuche an Elektronischen Baugruppen

Reichl, H.: Technologien der Mikrosysteme II

REINHARDT System- und Messelectronic GmbH: Erfahrungsbericht zur praktischen Erstellung von Prüfadaptern

REINHARDT System- und Messelectronic GmbH: Design for Testability

TQ-Systems GmbH: TQ News 1/2002

TU Ilmenau, Institut für Werkstofftechnik: Lötbarkeitsprüfung

Universität Siegen, Institut für Werkstofftechnik: Versuch G3, Erstellung eines Zustandsdiagramms

Wierzbinski, S.: SMD Repair, International Atomic Energy Agency, Instrumentation Unit, Feb. 1999

Zengerle, R.: Mikrosystemtechnik 2, Aufbau- & Verbindungstechnik, Teil 1 und 2, SS 2002

Sachwortverzeichnis

4

A

B

C

D

E

L

S

T

W

X

Y

Z